后现代丛书·建筑系列

国外后现代建筑

尹国均 著

重庆出版集团 重庆出版社

图书在版编目（CIP）数据

国外后现代建筑/尹国均著.—重庆：重庆出版社，2008.9
（后现代丛书.建筑系列）
ISBN 978-7-229-00013-4

Ⅰ.国… Ⅱ.尹… Ⅲ.后现代主义—建筑艺术—研究—世界
Ⅳ.TU-86

中国版本图书馆CIP数据核字（2008）第134506号

国外后现代建筑
GUOWAI HOUXIANDAI JIANZHU

尹国均　著

出 版 人　　罗小卫
责任编辑　　吴芝宇
特约编辑　　唐玉祥
责任校对　　胡　琳
装帧设计　　重庆鼠橡文化传播有限公司

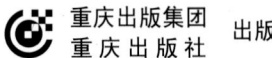
出版

重庆长江二路205号　邮政编码：400016　http://www.cqph.com
重庆长虹印务有限公司印制
重庆出版集团图书发行有限公司发行
E-MAIL:fxchu@cqph.com　邮购电话：023-68809452
全国新华书店经销

开本：787mm×1 092mm　1/16　印张：16.25
2008年9月第1版　2008年9月第1次印刷
印数：1~5 000
ISBN 978-7-229-00013-4
定价：50.00元

如有印装质量问题，请向本集团图书发行有限公司调换：023-68809955转8005

版权所有　侵权必究

目　　录

引言　　　　　　　　1

第一章　　　　　　　13
后现代建筑概述

第二章　　　　　　　27
后现代建筑的游戏性手法

第三章　　　　　　　39
空间与场所

第四章　　　　　　　45
阅读中的诗学

第五章　　　　　　　57
非理性

第六章　　　　　　　77
后现代建筑与艺术哲学

第七章　　　　　　　97
后现代建筑的意义

第八章   113
作为一种手法的艺术

第九章   135
作为叙事的后现代建筑

第十章   161
作为人的象征

第十一章   167
图像的神话

第十二章   173
后现代建筑的语法

第十三章   181
后现代建筑作品举隅

结语   201
后现代建筑的表述困难

附录   207
大师作品草图集

引言

在西方社会发展史中，"科学"和"技术"这两个概念是建立在古希腊以来的"理性"与"逻辑"思想基础上的，这两个概念到了中世纪之后，得到长足发展，以培根为代表的经验主义和以笛卡尔为代表的理性主义是现代西方社会启蒙运动的两块基石，也是现代西方社会文明（包括我们称之为"科学"和"技术"）的基础。"经验"是技术文明的基础，而"逻辑"是科学的基础，由此而引申出实证的工具理性以反叛中世纪，甚至包括古希腊以来的神秘主义和经验哲学，通过启蒙运动而把西方带入了现代社会。

从19世纪末到20世纪60年代，西方社会在上述思想基础上完成了工业革命（机器革命）和城市化过程，导致人变（"异化"）为理性逻辑的工具。在思想领域，这个过程是随着启蒙运动、资产阶级革命，大工业、产业化、城市产业工人等一系列概念而出现的（伴随的是蒸汽机——大机器——标准化——装配——流水线——电子时代），于是现代文明带来的速度、机器流水线、标准化，否定了人性（包括记忆、情感、意识流、潜意识、肉体、非理性等自我本质的内容）。但从20世纪60年代开始，人们逐渐感受到现代文明的异化，包括大机器批量的、程式化的生产与人性的（手工的、体力或身体的、记忆的、乡土的、家园的、小空间的）相异，感受到自我意识、自我认同感的丧失，在高速运转的机器中（汽车、飞机）人们开始向往中世纪的田园牧歌、故乡亲情……20世纪60年代，在电子时代基础上产生的资讯社会正在从精神层面更深度地异化着人的自我。从20世纪60年代开始，西方人开始怀念缓慢的田园乡村生活、乡土亲情以及对人性的自我回归有了强烈的意识，这就是"后现代"意识的出现。

"异化"问题是马克思时代提出的，人们感受到一种与本质自我相异的生存矛盾，所认识的第一个问题是：科学技术中包含了某种程度的"异化"，这就是人性、人文的丧失。人性、人文这两个概念主要是依靠历史（纵向时间）来认同的人类、人性、人（自我），所以历史建筑、旧城的保护中包含了人对自我的认同。人认识的第二个问题是：历史应该被保护，因为人文的本质是历史的（见图1、图2、图3、图4）。

后现代（Post Modernism）是相对现代主义（Modernism）而提出的一种泛社会学描述性词汇。它描述了社会的时代性变化，这些变化包括观念、态度、知识、行为、认识、思维等，这些变化演化成为一种时代的思潮性变化。后现代的准确产生时间不太清楚，它与"现

引言

月亮塔(Piramide del Luna)
设计：高松伸

莫奇卡的月亮塔建于白山脚下。白山里面是花岗岩，外面则是闪长岩。月亮塔也是一座砖坯建筑，南北长290米，东西长210米，塔高32米。走廊和斜坡以及建筑物的三个平台、四个广场相互连接，其中一些建筑物的上部有房顶遮盖。月亮塔的天井里有回廊和壁画，部分外墙被涂成白色、红色和赭黄色。回廊上和壁画中都描绘了一个刽子手的形象：他是一个长着翅膀的、半人半鬼的神，经常是一只手中拿着一把仪式上用的月牙形弯刀，另一只手则提着一个表情痛苦的人头。

代"互相交错，如现代主义大师勒·柯布西耶在希腊阳光下已认识到某些可被称为"后现代"的因素了。

人们一般认为所谓后现代"畸变"大约是20世纪60年代由美国和法国开始的。这种新出现的"趣味"迅速为德国、日本所接受和理解，这种趣味既是对现代主义的延伸，也是对现代主义的反拨、批判，是生产资料基础变革引起的相对的反应，是信息社会新技术革命思维和意识形态的对应性反应。正如工业革命是当时现代主义的基础一样，后现代主义的影响也十分广泛，它几乎就是一个时代的变化，是一个全局性的文化与物质的变异，是资讯社会的文化形态。有趣的是，后现代主义发端于建筑学或建筑领域，它最先突变于建筑文化形态。

后现代主义是信息社会出现的一种知识状态，是由一种全球性文化处境变化引起的游戏规则的改变。法国学者让-弗朗索瓦·利奥塔

图 1　月亮塔效果图

建筑系列——国外后现代建筑

图 2 月亮塔效果图

图 3 月亮塔效果图

建筑系列——国外后现代建筑

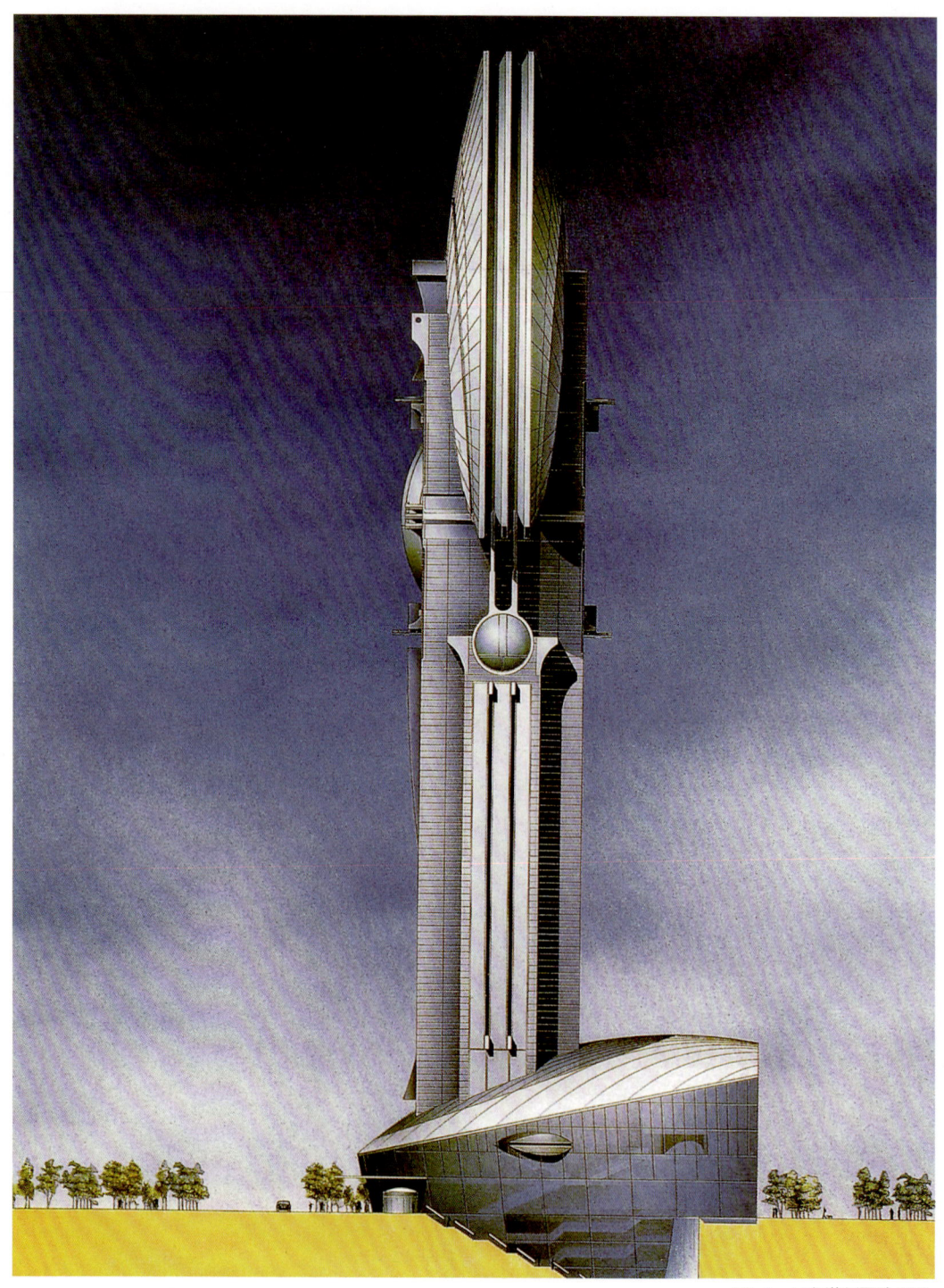

图 4　月亮塔侧面效果图

引言

巴塞罗那奥林匹克村鱼形建筑
设计：弗兰克·盖里(Frank Gehry)

这座雕塑位于一栋大型综合性宾馆内购物中心的核心部位，按照马尔托雷尔、博希盖斯和马凯的奥林匹克村设计图，盖里的这件作品连着宾馆塔楼与海滩。这座长54m、高35m的巨型建筑成为该海滨路的焦点，是宾馆窗户的一种抽象背景，是购物中心大院的一个游戏处。

起初，这个鱼形建筑只是弗兰克·盖里脑海中的一个怪念头，它只是纸上的几张草图，最后终于成为一个庞然大物：一座遍体光亮带鳞甲的雕塑，像一条真的大鱼。而这条鱼超出了个人记忆的范畴，成为一座公共的建筑。

称之为"叙事危机"，是叙事、游戏规则的合法性认识的变化。叙事改变为话语，这种"话语"就是"我"被假定为"缺席"或"不在场"的情况下，现实世界的存在改变为"我"的在场状态。"我"与"世界"同时存在，也就是说世界之中有"我"或者说因为"我"世界才存在或完全存在。其实就是世界作为我的意志的表象。这已超越了现代主义的启蒙知识英雄的元话语，而后现代主义则从平民角度用众声喧哗的方式来怀疑、批判元话语叙事。

于是，理性的、科学的现代主义元话语的合法化结构被后现代主义"解构"，现代主义的大师们、知识精英们、包括在学院中的教授们的合法性，遭遇到怀疑或嬉戏。在建筑方面后现代主义状态最典型地体现在哈迪德、埃森曼、弗兰克·盖里、屈米、李伯斯金等一大批建筑师的作品上（见图5、图6、图7、图8、图9、图10、图11）。

从建筑的平面、立面、剖面三方面比较，可发现后现代建筑的视觉是一种弥散的、瞬间状态的。它把现代主义焦点的、一维的透视这种自文艺复兴以来被坚信为真理的透视学方法打碎了，变为一

图5　由彩色钢带交织连接到网状骨架上构成的鱼形建筑

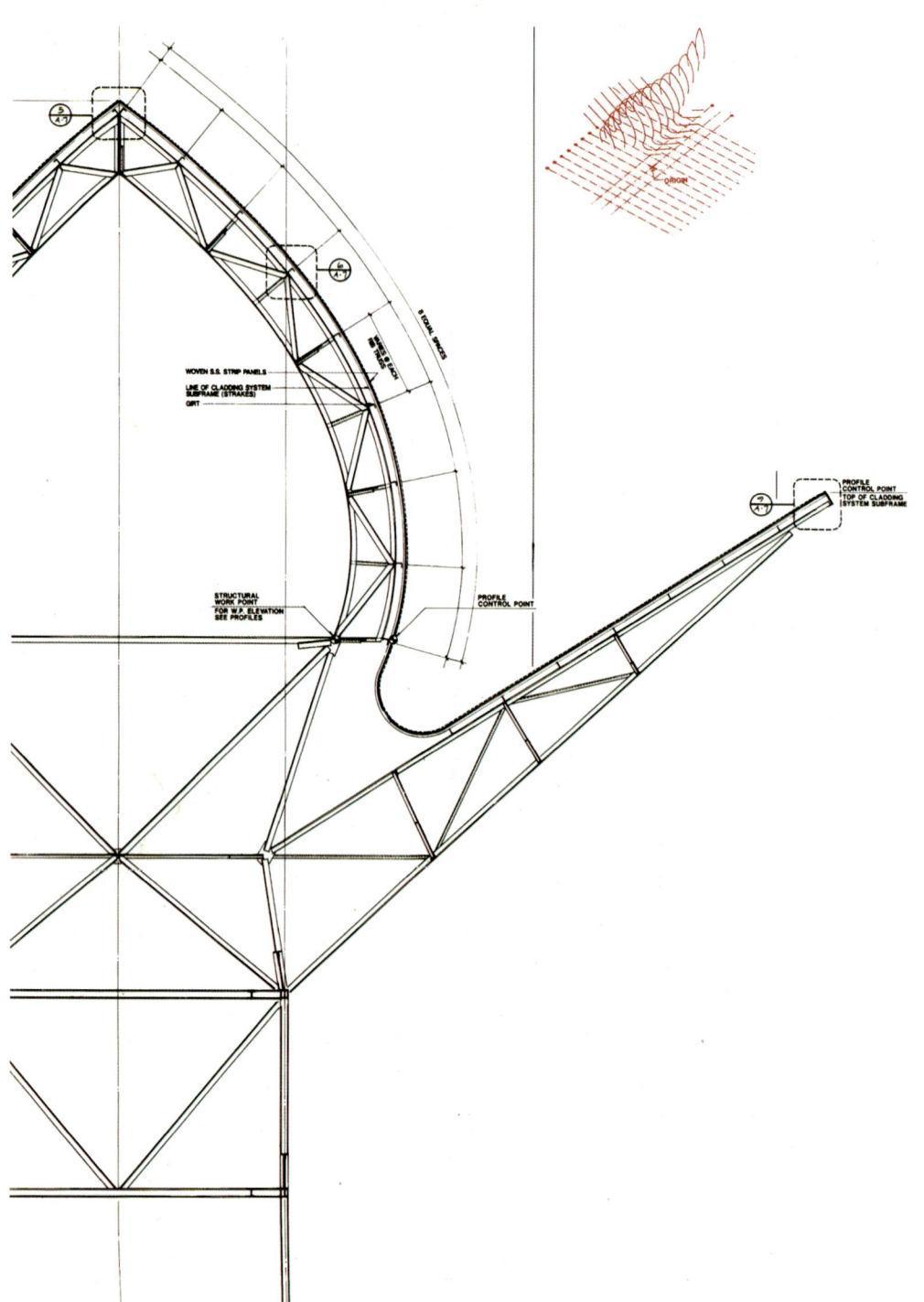

图 6 鱼形建筑局部结构图

引言

种东方式的散点透视。建筑的体验从一个视点（焦点）变成了多视点的游离状态（散点、动点隐喻了一个存在者的行为与活动，一种在场的状态）。

这种后现代"知识状态"是从假定的真理（一元神话）变为一种差异的普通人的精神状态，是一种对不通约事物的宽容，是一种对谬误、畸变、散乱零星的日常视角的承认。

现代主义的一元话语的最大特点是一种被制度化了的集中，一种合法化的权力。国家现代主义已变成了一种习俗和公众认可的合法化形式；而后现代主义则是对这种习俗与公众认可的合法化形式的破坏。所以从体制化角度看，后现代具有个性化、游戏性，是一种语言游戏，一种对话式游戏。

图 7　由彩色钢带交织连接到网状骨架上构成的鱼形建筑局部

图 8　由彩色钢带交织连接到网状骨架上构成的鱼形建筑局部

图 9　由彩色钢带交织连接到网状骨架上构成的鱼形建筑局部

建筑系列——国外后现代建筑

图 10　由彩色钢带交织连接到网状骨架上构成的鱼形建筑局部

图 11　鱼形建筑全景

第一章

后现代建筑概述

建筑系列——国外后现代建筑

后现代建筑大师作品　博尼芳丹博物馆穹顶草图

后现代建筑大师作品　博尼芳丹博物馆穹顶外景

第一章 后现代建筑概述

现代主义之后有一股要求从现代主义甚至启蒙主义以来的西方理性与逻辑中超脱出来的趋势，寻找生命本来的感受，以反对现代主义逻辑传统和大机器生产的理性（以一种超逻辑、反理性的思维方式代替现代主义非人的逻辑）。由于第一次和第二次世界大战，西方人怀疑理性和科学的局限性成为战后的思维方式；为了在理论上站得住脚，他们又习用一些科学的、理性的、逻辑的术语，来表述自己超验的肉体感受。后现代的理论家德里达、克里斯蒂娃、拉康或保·德曼莫不如此。

让-弗朗索瓦·利奥塔称这种"状态"为"后现代状态"，是一种变化的"文化处境"，一种寻找和争取"合法化"的游戏规则，甚至是一种政治性工具、一种意识形态、一种发明家的"误构"（让-弗朗索瓦·利奥塔著《后现代状态——关于知识的报告》，车槿山译，三联书店1997版，第43页）。所以，"后现代状态"是信息化社会中的知识。

后现代大致开始于20世纪50年代末60年代初，是信息社会和"信息学霸权"带来的某种必然结果。从某种意义上说，后现代主义是对现代主义的反拨（也是一种延伸与畸变），是信息社会、新技术革命带来的人的精神和感觉的变化。

后现代带有"超验"与"偶然"的性质，这种性质是对现代主义与理性逻辑的反叛，是一种不可测定的、随机的、偶然的，隐喻了"身体"（一种非理性的人）的命运感和不可知性，并演变成图版上（甚至拒绝图版）的启发式创造力（装置与行为、身体的移动等）。这种反叛和启发式创造力我们均可在本书所提供的建筑形式上看到。为了便于区别，本书将提供现代主义的经典作品（勒·柯布西耶、赖特、密斯·凡·德·罗等的作品）与后现代主义的代表作品进行比较。

现代主义产生于第一、二、三次产业革命，工业革命和中产阶级大机器生产，以大、高、巨型、超级的钢铁、玻璃、机器、混凝土为物质材料和媒介（见图12、图13、图14、图15）；而后现代主义则出现于"第三次浪潮"、"第四次产业革命"、"信息革命"、"科技社会"。图像的文化与物质的媒介、大众传媒与光、声、电的快餐文化的平面化倾向，似乎预示一种文化的"深度"危机时代的到来，夸张的形式让我们感受到扭曲与变形，一种精神分裂症患者的碎片、零散的感觉，这一点我们将在建筑图像中，尤其在李伯斯金、屈米、哈

建筑系列——国外后现代建筑

阿拉伯世界文化中心　法国，巴黎
设计：让·努维尔(Jean Nouvel)

让·努维尔是法国当代著名建筑师之一，他认为建筑设计的过程更多的是适用外部自然、城市、社会条件的结果，他综合采用钢化玻璃，熟练地运用光作为造型要素，使作品充满魅力。阿拉伯世界文化中心(IMB)是他1981年的设计作品。

阿拉伯世界文化中心是一座关于精确空间中光线的组织和变化的建筑，南墙面有自动的照片感光的控光装置，在中心有悬挂条纹大理石的采光井，室内借由框滤网及重叠格子来处理光线，这些都富有传统阿拉伯典型的建筑元素，使得室内具有丰富的光线层次和空间体积的开放闭合感。这座建筑利用反光、折射、背光等效果使其室内获得了幻觉、奇妙的效果。

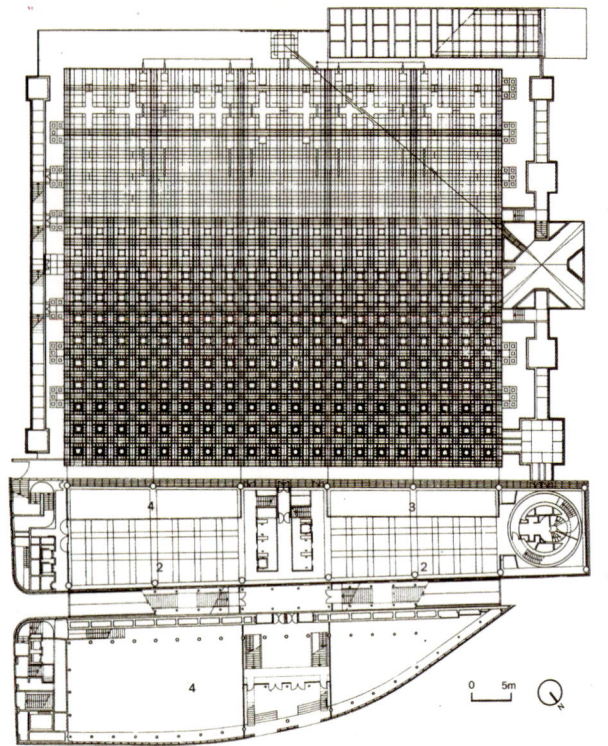

图 12　阿拉伯世界文化中心平面图

图 13　阿拉伯世界文化中心局部图

第一章 后现代建筑概述

图 14　阿拉伯世界文化中心侧面局部图

图 15　阿拉伯世界文化中心效果图

迪德的作品中直观看到。现代主义的理性、逻辑、集中的方盒子被粉碎了，变成了撒满地的碎片，逻辑（归纳与演绎、三段论）被身体的零散感受取代，精神变成了肉体，理性主义演化成为疯狂，这种理性疯狂最终演化成了对高技派的疯狂。比如罗杰斯与皮亚诺的蓬皮杜艺术中心和高技派演示出的各种机器，一种极端化了的勒·柯布西耶的寓言建筑是居住的机器，这种最极端的例子是两次世界大战的坦克、飞机、军舰和航空母舰这些可以移动的"建筑"（见图16、图17）。建筑史变成了一个乌托邦代替另一个乌托邦的建筑师个人中心和自私的精神史，是某种"症候学"的图像史。

后现代主义的出现在建筑上基于这样一种历史背景：20世纪初第一代现代主义大师格罗皮乌斯和包豪斯设计学校的方盒子风格已占领了世界建筑设计主流位置，它巨大的非人性的尺度，以及钢铁、玻璃、钢筋混凝土、电梯所造成的冷漠的非人性的城市空间已经使人感受到了人性的异化和意义（meaning）的危机，比如已经体制化了的、隐喻了资产阶级后期的帝国主义趋向，消除民族性、地方性，甚至历史性的作品——耸立在美国纽约曼哈顿那些巨型构筑、摩天大厦（见图18、图19、图20）。

我们说过，现代主义的出现是伴随着城市中产阶级及其代表的工业革命、机器生产、流水线、批量和标准化生产而出现的。一方面它

第一章 后现代建筑概述

图 16 蓬皮杜艺术与文化中心内景

蓬皮杜艺术与文化中心　法国, 巴黎
设计: 理查德·罗杰斯
　　　伦佐·皮亚诺

　　蓬皮杜艺术与文化中心总造价约4.8亿法郎, 总面积约10万平方米, 地上六层, 地下四层。该建筑内设有工业设计中心、音乐与声学研究所、现代艺术博物馆、公共情报知识图书馆以及相应的服务设施。整个建筑被纵横交错的管道和钢架所包围, 像一幢地地道道的化工厂。建筑师有意将这座建筑设计成类似机械框架的装置, 将内部做成宽敞的无阻拦的大空间, 允许内部布置灵活变动。这座中心是20世纪高技派建筑的代表作。

图 17 蓬皮杜艺术与文化中心外景

19

建筑系列——国外后现代建筑

德国法古斯工厂

设计：瓦尔特·格罗皮乌斯
（Walter Gropius）

格罗皮乌斯是德国现代建筑师和建筑教育家，现代主义建筑学派的倡导人之一，包豪斯设计学校的创办人。法古斯工厂采用大片玻璃幕墙和转角窗，他的建筑风格简洁、明快，通风良好，并有足够的空间，所以常有人认为他做建筑的目的比建筑的形状和样式更为重要。

图 18　法古斯工厂外观

是对农业社会、封建贵族世袭体制文化的古典建筑（砖、石、木、楼梯基础上的手工的、一次性生产的和永恒的、极少数贵族的精神象征的建筑场所）的反对，它是资产阶级和城市贫民（工人阶级）革命的象征物，它考虑了城市广大人民居住的需要。可以说现代主义建筑师们个个都具有社会主义和共产主义的拯救社会的雄心抱负。

现代主义的问题也就出在对民族性、地域性和历史性的否定的"国际风格"，它伴随着城市工人阶级及其代表的大机器、标准化生产发展成一种"帝国主义"或晚期资本主义的形式。城市巨构的空间延伸，也是一种幻想，向空中的延伸和向地下的延伸，巨构与

第一章 后现代建筑概述

图 19　法古斯工厂侧面

包豪斯校舍

设计：瓦尔特·格罗皮乌斯
（Walter Gropius）

　　包豪斯校舍建筑造型简洁流畅，被誉为现代建筑设计史上的里程碑，在德语里包豪斯（Bauhaus）的意思是房屋建筑。"包豪斯"的设计特点：重视空间设计，强调功能与结构效能，把建筑美学同建筑的目的性、材料性能、经济性与建造的精美直接联系起来。包豪斯校舍没有繁复的哥特式和维多利亚式建筑中华丽的尖塔、廊柱、窗洞和拱顶。这座包括教室、礼堂、饭堂、车间等的现代建筑具有非常合理的使用功能，用玻璃环绕一间间房屋面向走廊，走廊面向阳光。整个建筑呈现为普通的四方形，令世人看到了20世纪建筑直线条的明朗和新材料的庄重。特别是建筑的外层面，不用墙体而用玻璃，这一创举为后来的现代建筑广泛采用。

图 20　包豪斯校舍外观

速度构成了当今巨型城市的"异化"空间，"异化"即非人化。正是在此种语境情况下，后现代主义从历史、地理的文脉性，从"意义"的寻找角度提出了土地、时间、环境结合的创作方法，并因此种趋向程度不同而产生新的手法和风格。在现代主义的建筑中，使用了古典符号，比如古典装饰和线角檐口，其中如美国的一个叫文丘里的建筑师，他一反现代主义名言"少即是多"（less is more，现代主义大建筑师代表密斯语）和"装饰即罪恶"（阿道夫·卢斯语）的纯粹主义，在建筑与城市中发现了"复杂性与矛盾性"。他后来写了一本著名的书，名叫《论建筑的复杂性与矛盾性》，专述了他在一个城市建筑中感受到建筑的复杂性与矛盾性给人的意义和鲜活的生命、身体的感受，并描述了美国拉斯维加斯的广告、霓虹灯、城市花哨的色彩和非规划的建筑的"波普"（pop）气息和俗文化的意义。此书成为后来美国带有波普倾向和"文脉主义"（历史主义的一种）的后现代建筑理论的经典著作；此外，这方面的建筑师还有罗西、查尔斯·莫尔、斯特尔等。

现代主义大师、德国人密斯设计的高耸入云的大厦是由新建筑材料：钢铁、钢筋混凝土、玻璃与新的力学结构一起产生的，然后密斯这种美学被推至极端而产生了现代主义的摩天大楼。这中间有一个有趣的过渡期，即现代主义早期工业革命时代的钢和玻璃结构，比如巴黎埃菲尔铁塔与英国水晶宫（见图21、图22、图23）。

现代主义建筑是工业革命的产物，工业革命使西方结束了建立在乡村经济基础上的封建社会。工业革命社会的大机器、标准化生产产生于大城市的工业无产阶级和新兴城市的中产阶级，由此而产生了西方社会的科学、民主、理性、法制，以及大城市、大生产。所以，由工业革命所引发的现代主义，包含了代表中产阶级的逻辑、理性与想法，同时也隐含了无产阶级的思想情结。现代主义建筑运动在本质上是一种以实用、简洁、大社会化、标准化、集约化、大城市化发展建筑产业的建筑工业化运动。

这个运动直接反映了对中世纪的、资产阶级的以及个人的、手工的、装饰的、非实用的、家族的、人工的、非标准化的、分散的、乡村古堡的资产阶级古典主义建筑的挑战与拆毁。现代主义建筑师担负起了社会化运动的责任。德国现代主义建筑师密斯·凡·德·罗是现代主义最伟大的建筑师之一，他用钢铁、标准化、大空间、实用以及简洁到极致的风格创造了城市高层大玻璃盒子建筑，他的建筑呼应了

第一章 后现代建筑概述

另一个德国建筑师、现代主义开山鼻祖之一卢斯的名言"装饰即罪恶"。城市建筑是一部可阅读的"书",我们通过这部书试着发现人类在建筑中如何展现自己的尊严、精神追求,以及对城市空间和生存环境的"创造"。在历史上密斯式大玻璃盒子取代了古典主义石材的三段式和石雕装饰建筑,使建筑走向了市民甚至贫民。时过境迁,今天密斯式的大方盒已充斥全世界各大城市,其极端例子是纽约曼哈顿,这种模式也正在充斥其他大城市(见图24)。

密斯的向天空升腾的大尺度大方盒子,给今天的城市生活带来了许多人文的、精神上的压力。比如,大块的面积阴影,大玻璃幕墙带来的噪音及反射光,大尺度带来的心理紧张等等问题;另外,过于强调直线对文化记忆(比如对地方历史、民族文化、人类历史深度等)的否定与遗忘。因为人的存在跟人类的历史发展与历史文化记忆有关,人的尊严与人类的历史关系是一个深刻的人文精神问题,一旦我们身处的城市空间全部用直线分割,我们的地域、历史、人自我的记忆符号将被遗忘和丧失,人于是就丧失了自我存在、行走的意义。巨大尺度使人感到了压抑、无聊、空虚,使人感受不到自己身体行动的意义,于是人用资讯和汽车手段来夸张和延伸人身体的功能,用现代的通讯工具扩大自己的空间,以此作为一种补救,但这是一个不真实的"虚拟"空间。

图 21 英国水晶宫外观

建筑系列——国外后现代建筑

英国水晶宫
设计：约瑟夫·帕克斯顿
(Joseph Paxton)

约瑟夫·帕克斯顿是一名园艺设计师。他成功地设计了水晶宫后被封为骑士。水晶宫是一个以钢铁为骨架，玻璃为主要建材的建筑，是19世纪的英国建筑奇观之一，也是工业革命时代的重要象征物。约瑟夫·帕克斯顿曾经率领花园园丁试验以玻璃与钢铁建造巨大温室的可能性，也因此见识到这些建材的强度与耐久力，他以这项技术知识申请世界博览会的建筑计划并且创造出惊人的结果。

因为这幢建筑的几何形状、建筑尺度的模数化、定型化、标准化，以及坚硬晶莹的玻璃墙壁和工厂化生产，使这个商业圣殿，成为世界上第一个体现初期功能主义风格的重要作品，预示了20世纪设计的三大发展：机器成为风格的塑造者；技术作为新建筑或者新产品材料的直接来源；非建筑师取代建筑师的地位，俨然成为建筑风格的革新者。

图 22　英国水晶宫内侧

图 23　英国水晶宫一侧

有的学人把罗马俱乐部于1972年发表的《增长的极限》一书视为现代人敲响现代工业文明的警钟。后来英国学者舒马赫（E.F.Schumacher）发表的《小即美》（The small is beautiful），也从根本上怀疑大工业、大型技术对于人类的进步意义，提倡"中

第一章 后现代建筑概述

间技术"——"介乎先进技术和传统技术之间的技术"。1973年，另一英国学者宾·克拉克还倡导"AT运动"（alternative technology），主张采用小型技术，以求最小限度地使用非再生性资源，最小限度地干扰自然。

所谓"后现代主义"不是指一个学说或流派，它是一个时代、一种文化处境与现象，是大致产生于20世纪60年代欧、美的一种文化趋

西格拉姆大厦　美国, 纽约
设计：密斯·凡·德·罗
（Mies van der Rohe）
菲利普·约翰逊
（Philip Johnson）

　　纽约西格拉姆大厦建于1954~1958年，大厦共40层，高158米。二次大战后的50年代，讲究技术精美的倾向在西方建筑界占有主导地位。而人们又把密斯追求纯净、透明和施工精确的钢铁玻璃盒子作为这种倾向的代表。西格拉姆大厦正是这种倾向的典范，大厦主体为竖立的长方体，除底层及顶层外，大楼的幕墙墙面直上直下，整齐划一，没有变化。窗框用钢材制成，墙面上还凸出一条工字形断面的铜条，增加墙面的凹凸感和垂直向上的气势。整个建筑的细部处理都经过慎重的推敲，简洁细致，突出材质和工艺的审美品质。西格拉姆大厦实现了密斯本人在20年代初的摩天楼构想，被认为是现代建筑的经典作品之一。

图 24　西格拉姆大厦侧面

25

势，它甚至并不是一个主流趋势，而是一种泛文化的情绪、感受，一种物质的、媒介的、风景的、身体的畸变。如果用马克思式的决定论来描述或寻找结果的话，我们可以看到：古典与浪漫主义基于农业文明，现代主义基于工业文明，后现代主义基于信息社会即所谓后工业社会。相应地，就建筑史来说也可以看到一部风格演变构成的风格史。

第二章

后现代建筑的游戏性手法

建筑系列——国外后现代建筑

后现代建筑大师作品　瑞士再保险总部

第二章 后现代建筑的游戏性手法

正因为后现代建筑的游戏性，使它不具备学术与科学的严谨性和逻辑性，它甚至有法国人的浪漫和美国人的波普性质、消费性质，它自相矛盾又互为证明，它混乱、荒谬，带有超现实或超验性。在今天的西方世界文化中它仍然只是边缘，并没有成为体制化和文化制度的中心，不过，所谓后现代主义有一种左派特征和先锋（前卫）特征，因为它表现出了对体制化的主流文化制度的批判与冲击。

后现代的"话语"与"叙事"的游戏把传统理论与精神的深度结构、系统和"信仰"给打破了，呈现出平面化、手法化和行为化现象。它以无意义或对意义的怀疑表现出了一种无意义的、纯视觉或触觉的倾向。在视觉艺术上后现代主义更倾向于拼贴。

在后现代主义文化理论中，采用了许多甚至是自然科学的术语，用大量猜想和感觉对自然科学和人文科学的传统理论进行"嬉戏"性解构。在建筑上表现为对现代主义精神严谨的"方盒子"进行拆解，分散成碎片，然后用一种神秘的超现实主义手法进行"堆砌"，而形成了"偶然的"形式。当然，这种对现代主义的"解构"由于程度不同形成了不同形式与风格的解构主义。比如美国建筑师彼得·埃森曼，他主要是通过"旋转"、"移位"、"重叠"和"偏移"的方法在三维上对密斯·凡·德·罗为代表的精确的现代主义进行"解构"，但其精确性和"母语"仍然看得出是理性的，包豪斯的影子仍然历历在目，只是发生了"畸变"而已。女建筑师哈迪德在前人基础上更进一步在三维面上进行"畸变"和把现代主义直线"弯曲"，使得她的作品具有偶然且非常神经质的特点（见图25、图26）。

西方现代主义的"功能主义"的逻辑遍布全世界，形成了所谓无个性、地域性与民族性的"国际式"，后现代时代的人对此不满而思考生成了后现代的"视觉"革新。我们看到，简化实用以及一种"极少主义"式的抽象是现代主义的基本原则，表现在建筑形式上主要是直线、无装饰（现代主义的祖师爷，德国人阿道夫·卢斯说"装饰即罪恶"，意指资产阶级奢侈豪华的生活）。现代主义要求实用的、无装饰的直线与"极少"主义，所以有人称西方现代主义是启蒙主义以来的"无产阶级的"具有社会主义色彩的运动，是一种试图通过视觉形象改造社会生活以创造一种理性的、平等的、自由的"乌托邦"的社会思想。极简形式消除了"资产阶级的"装饰符号。日本人从形式上学到了"简化"方法。对日本现代主义建筑影响最大的西方现代主义大师是著名的神话般的人物勒·柯布西耶。他的钢筋混凝"雕

建筑系列——国外后现代建筑

图 25　伯吉瑟尔滑雪台侧面

伯吉瑟尔滑雪台
设计：扎哈·哈迪德(Zaha Hadid)

　　这座高90米，像塔又像桥的建筑原本是为奥地利冬奥会设计，以替换原本残破的旧滑雪台的，不料2002年8月落成后，迅速成为哈迪德的标志性作品，被媒体评为"现代建筑七大奇迹"之一。伯吉瑟尔滑雪台不仅拥有一套完整的滑雪比赛设施，还包括有两台升降梯、一个瞭望台和一个餐厅等公共空间。游客既可站在瞭望台上俯视整个因斯布鲁克市的景色，又可仰望巍峨的阿尔卑斯山，更可感受滑雪运动员飞翔前一刻的感受。

图 26　伯吉瑟尔滑雪台外观

第二章 后现代建筑的游戏性手法

日本奈良大会堂
设计：黑川纪章

　　黑川纪章的创作生涯分为两个阶段：20世纪70年代以前的"新陈代谢"或"舱体"时代和70年代中期以后的"共生思想"时代。此后，黑川纪章开始思考将技术的方法与富有哲理的思想联系起来。他将不同文化及意念整合为一种共生的关系，在相反的元素之间提供一种中介性空间。黑川纪章后来的大多数作品都包含了这些特征。

　　日本奈良大会堂是高技派代表作，在建筑造型上、风格上非常注意表现"高度工业技术"的设计倾向。采用最新的材料如高强钢、硬铝、塑料和各种化学制品来制造，体量轻、用料少，是能够快速与灵活装配的建筑。

　　塑"、光影效果被日本人心领神会，然后加以模仿并发挥得淋漓尽致。不管是从他的日本直传弟子前川国男到后来的黑川纪章、丹下健三到今天的安藤忠雄或是矶崎新，都对勒·柯布西耶的光影雕塑般的素混凝土构造进行了精心仿效（见图27、图28、图29、图30、图31、图32、图33、图34、图35）。在安藤忠雄的日本兵库县立儿童馆这个作品上，我们可看到勒·柯布西耶的土伦修道院、马赛公寓、萨伏伊别墅以及昌迪加尔建筑群的灵魂建筑。

　　同是抽象技术，安东尼奥·苏拉、克莱因、蒙德里安用料"极少"，在突出"材质"、"肌理"时则隐隐地暴露了身体的"痕迹"。正如德·库宁，画面不是"再现"什么，而是通过一种印记去"表现"了什么，比如纯粹的美的形式、消隐的人影。但"痕迹"总是泄露了人体活动的渴求，人体的激动、焦虑。单纯的色块把意识所能寻找的"话语"减少到极限，但形式仍然遮不住人体的激动，只有

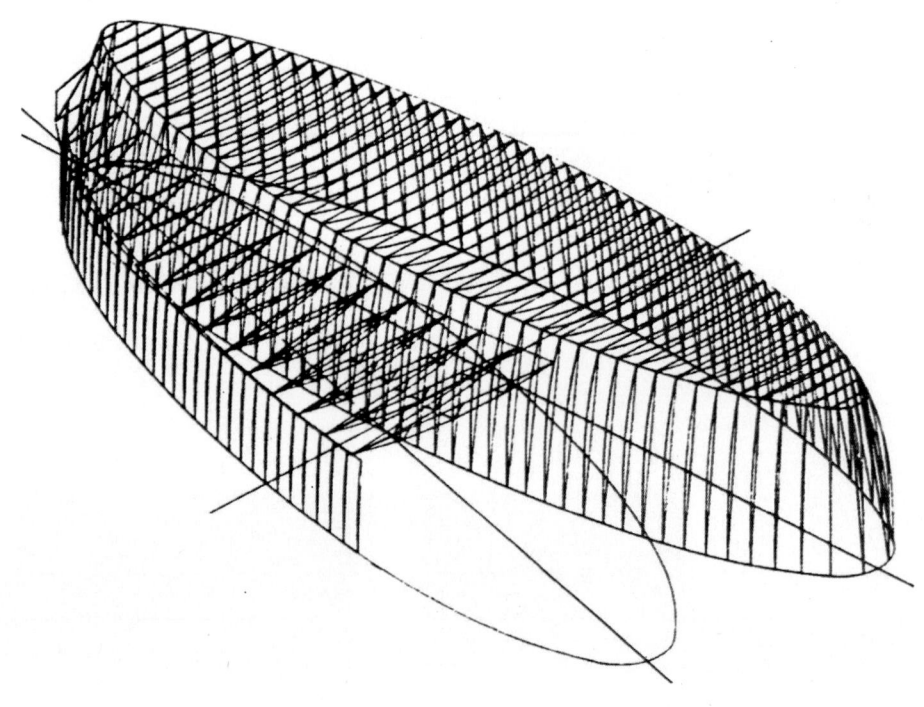

图 27　日本奈良大会堂结构图

31

图 28　日本奈良大会堂外景图

图 29　日本奈良大会堂南部和北部立面

图 30　日本奈良大会堂西部立面

第二章 后现代建筑的游戏性手法

图 31 日本奈良大会堂音乐厅内景：移动式舞台及座位区域

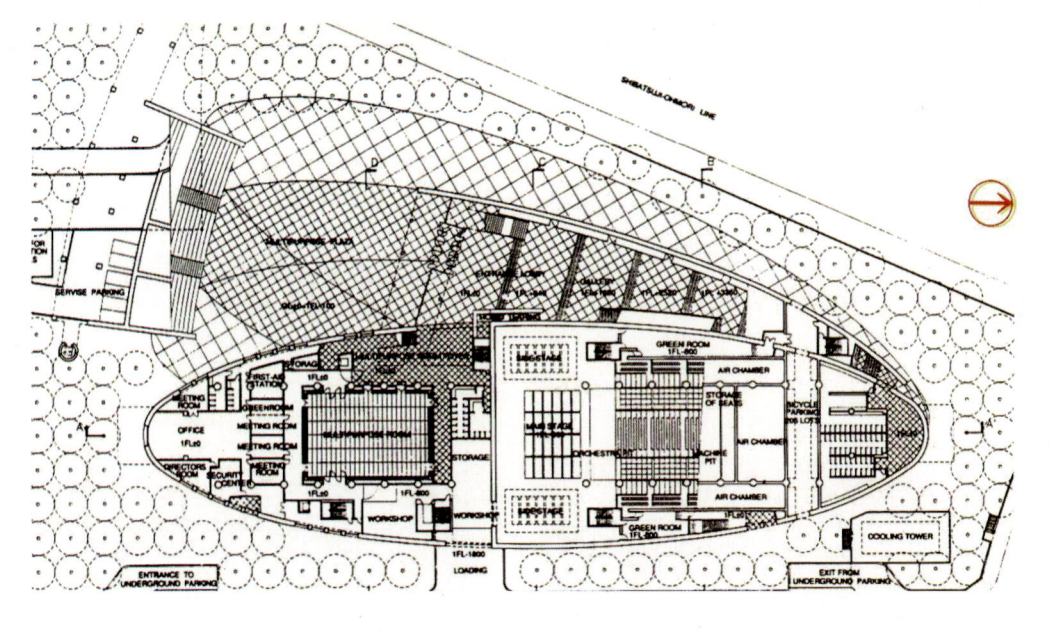

图 32 日本奈良大会堂一层平面图

33

建筑系列——国外后现代建筑

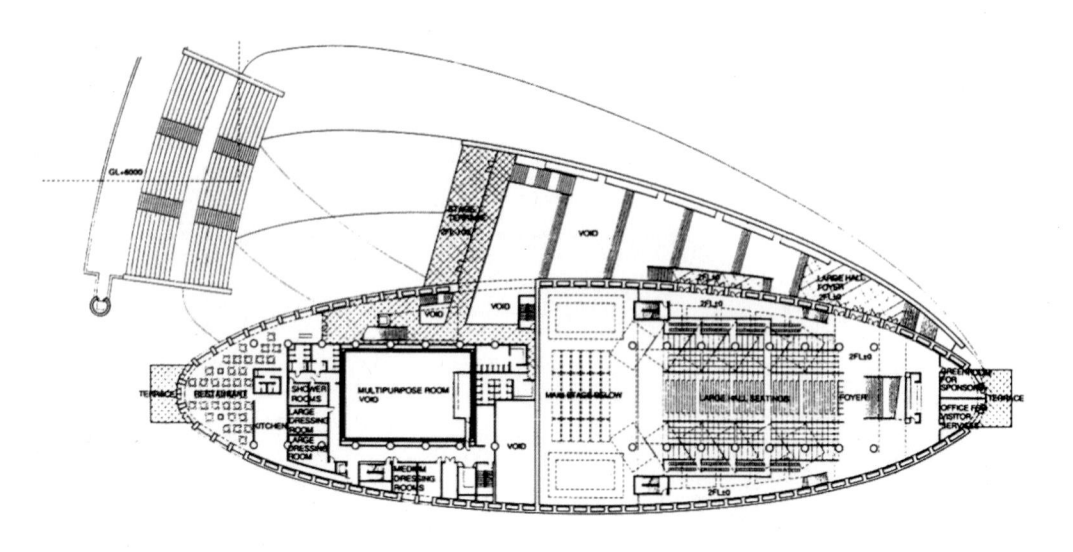

图 33 日本奈良大会堂二层平面图

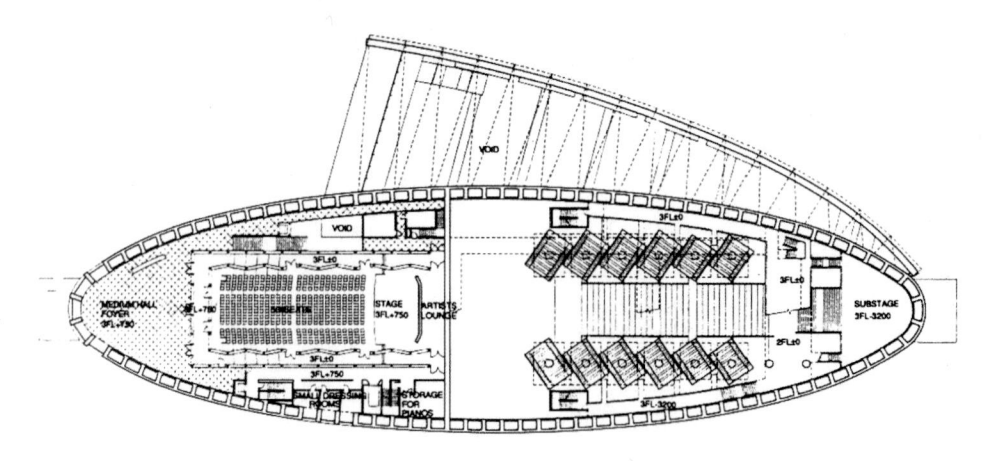

图 34 日本奈良大会堂四层平面图

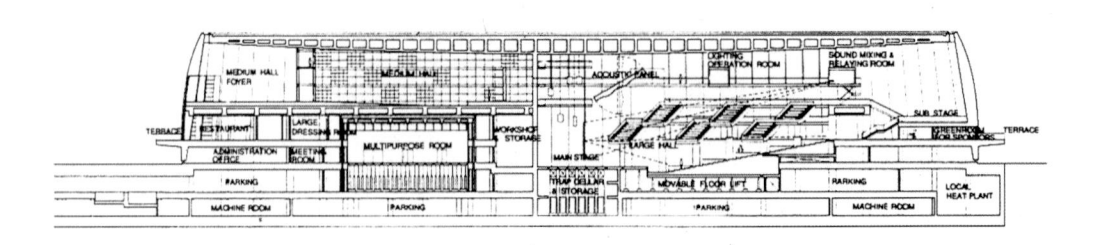

图 35 日本奈良大会堂纵剖面

第二章 后现代建筑的游戏性手法

通过"我",世界才存在。从此,在"表现"中,我知道我的身体在证明世界的存在、我的存在,我与"物"之间就有了一种关系——这就是建筑与绘画的关系。我通过经验"触摸"世界,我的眼睛不是一个晶体或视网膜,而是灵魂与情感,是记忆,于是空间变成了"路径",我的身体在介入,而我的身体向世界展开了无限的偶然性,既是在梦中欢乐的精灵,又是在现实中焦虑的主体。身体是什么?萨特说身体是"我的偶然性的必然性所获得的偶然形式","身体表现了我对于世界的介入的个体化"。正由于灵魂与记忆的加入,遍布于我身体各部分的神经末梢才有了意义,世界的"图像"才有了意义。"图像"不过是我们记忆与灵魂的"路标"而已。

正如萨特所说,人的身体是一个一直梦想超越自身而占领自我的永恒客体,建筑正是人们这种梦想的产物,但在人创造的这种"客体"上,我们总是看到人身体的影子,它并不是纯粹的"客体",而是一种"混合物"。它又反过来刺激我们,于是世界成了我们的身体,它从外界进入我们,又从我们这儿被"镜像化"出去。作为对象——他人,主观的东西只是个封闭的盒子。正如意大利建筑师阿尔多·罗西的古罗马城记忆。人通过自我构成了艺术史上的图像:建筑师通过几何语言,在时空序列中幻想他们的梦,而艺术家则用画笔在画布上幻想出二维的空间错觉。当今天的建筑师们在阅读中一方面欣赏着现代主义的强有力的"话语"时,又感受到了冷漠的逻辑力量带来的无聊,于是他们又转向了记忆、乡土、历史时空,他们的态度变得暧昧不清。建筑本来的面目是什么?在詹姆逊《建筑与意识形态批判》和保罗·德曼《符号学与修辞》中,建筑是政治权力的象征,建筑是权力平衡的产物,是权力话语或权力场域。

后现代建筑包括城市被描述为天、地缘政治美学。建筑从来就是严肃的,有着制度与禁忌的政治"事件",它有自我中心的"国家"意识形态的特点,它是意识形态的编码活动。所以,"建筑是一种社会意识形态的分界线",这种整体性社会制度支配着人类生活与实践,它更甚于马克斯·韦伯所描述的"铁笼"(引自詹姆逊《建筑与意识形态批判》一文)。

建筑叙述了某一事件的必然性,它以风格样式表述了"实践活动",作为一门艺术,表达了受制约的象征行为,它是一种"历史语境",正如罗西作品所表述的。

建筑是幻象、虚构的符号化表述。在建筑史中,宇宙天地被人的意识(文化语境)隐喻化了，它成为众神之域，成为社会形态、区域性与生产方式的表征，于是空间被认为是一种意识形态。

古代中世纪建筑史，不管是东方或是西方，都表现了罗兰·巴尔特源的"历史是一种血腥罪行，是一场噩梦，历史有必要也必然是一种暴力行为，它是某一集团对其他集团实施的暴力过程，这也是我们所讲的阶级斗争"。

中世纪建筑史犹如面对一个消亡的社会，充分体会到建筑与社会历史的同步性，互相制约性。国家权力与社会制度是外在的制约，还有语境、记忆、集体无意识，习惯和自身带来的内在制约。不管怎么说，建筑以一种图示形式描述了历史尘埃中的乌托邦空间形式——国中之国，城中之城，没有发现"他者"的自我中心意识，空间的向心性，这正是罗西所说的"记忆"。

建筑师的"缺席"（不在场），是古建筑的普遍现象，建筑是一种类型化的整体性制度；是一种范式、一种陈述方式；是宫廷政治活动中的"话语狂欢"，这种"狂欢"被表征为制作、雕作、木作、石作等类型化语言制度之中，它们是预先设定的符码，它们表现了符号的武断性、权威性。

后现代主义建筑作品均表现出了修辞与句法模式的组合的特征，在这两种营建活动的制度典籍中，词汇（构件）、标志、符号构成一种可被称为释义素（interpreting）的概念，因此，符号组合被理解为是一种修辞。从某种意义上说，建筑史上具有控制性影响的法规文本事实上就具有语法的修辞化倾向，它们是一种类型史（genetic history）的隐喻，比如罗西的作品（见图36、图37、图38）。

第二章 后现代建筑的游戏性手法

博尼芳丹博物馆　荷兰，马士德里克
设计：阿尔多·罗西（Aldo Rossi）

　　博尼芳丹博物馆坐落于马士河畔，E形的平面形成两个朝向河面的开放院落，外包锌板的穹顶塔楼形成戏剧性的焦点。罗西重新诠释了城市的纪念性主题，灵感来自公共建筑、教会和工业建筑。从体量和平面的秩序感和对称性来说，它无疑是严整的公共建筑。有扶壁支撑的中段和穹顶的塔楼又似乎暗示了有洗礼堂或是钟楼与之相连。最为有力的是那些工业元素：包锌的穹顶，烟囱般的交通体，方格玻璃墙，钢丝网拱，仿佛仍在追忆这片土地作为制陶工厂的历史。

图 36　博尼芳丹博物馆穹顶近景

37

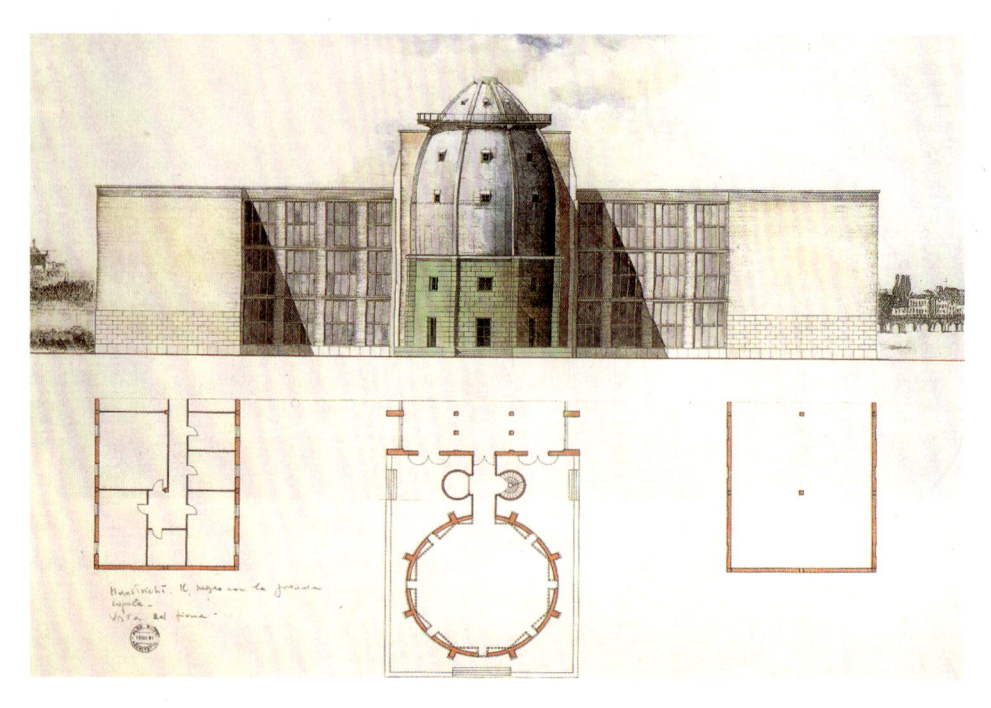

图 37　博尼芳丹博物馆穹顶分析草图

图 38　博尼芳丹博物馆全景

第三章

空间与场所

建筑系列——国外后现代建筑

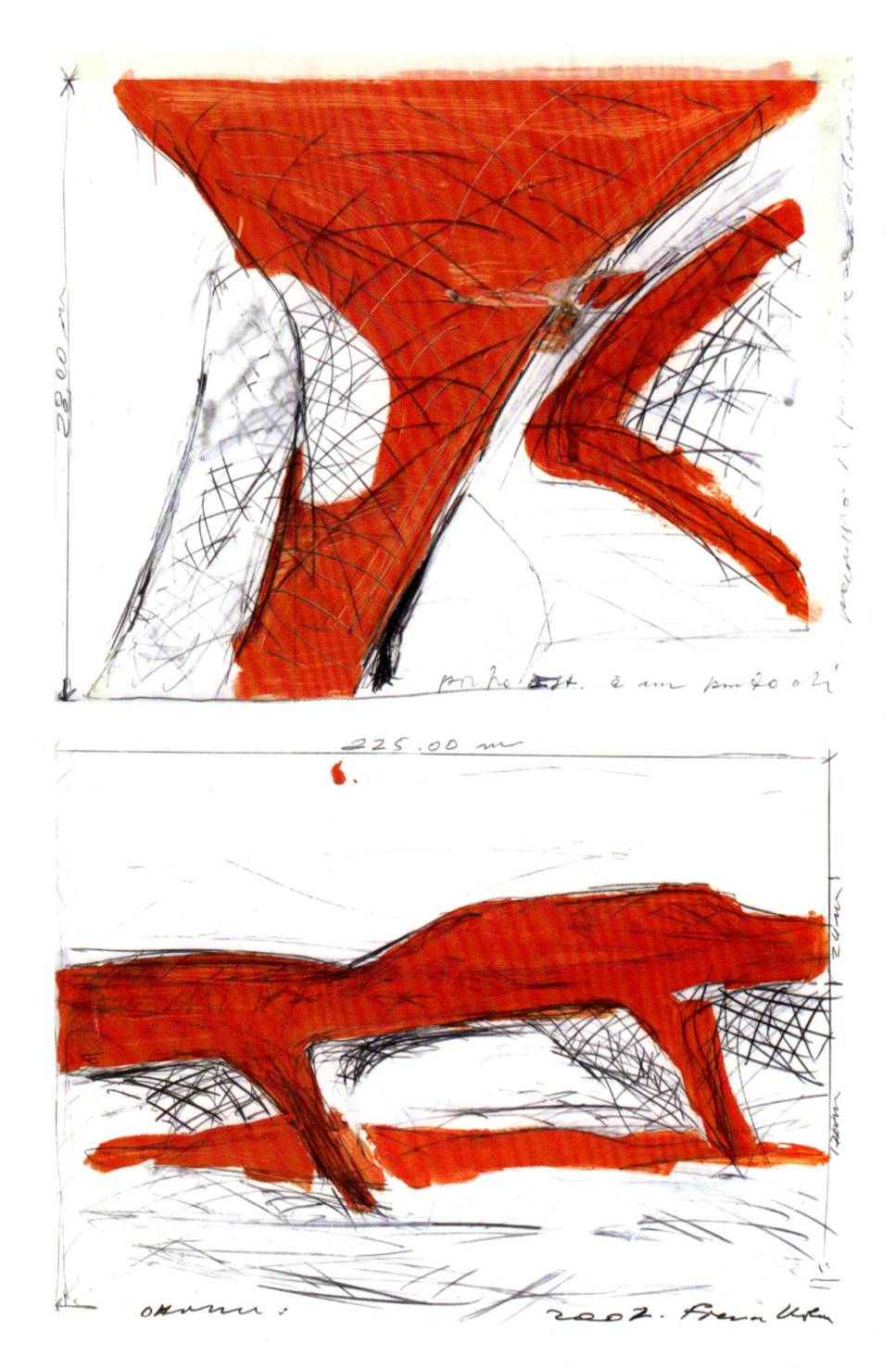

后现代建筑大师作品　新米兰贸易展览中心

第三章 空间与场所

建筑本质上是空间的，空间的具体被感知形式又是时间的，而时间的真正体验者则是人。人永远生存在时间之中，而时间又以空间作为形式，所以人也就永远生存在空间之中。德国生物学家、比较心理学家J.V.休克斯裘说："空间就像蜘蛛结网，一切主体本身与对象持有的特性之间，交织成网一样的关系，经过千丝万缕的编织，最后形成主体依赖它而存在的基础。"（挪威 诺伯格·舒尔茨著《存在·空间·建筑》，尹培桐译，见《建筑师》杂志连载）如果说现代主义主要还是从"雕塑"角度思考建筑的话，那么，后现代主义则是从"空间"与"场所"方向思考建筑（见图39、图40）。对这种"后现代"场所的理解，理论家舒尔茨谈得最透彻，他在讨论空间问题时说，人之对空间感兴趣，其根源在于存在。它是由于人抓住了在环境中生活的要求，要为充满事件和行为的世界提出意义和秩序的要求而产生的。人对着"对象"定位是最基本的要求。也就是说，人要在生理上、技术上适应物理事物，要同其他民族进行交涉，因此要掌握抽象的现实，亦即要掌握"意义"（它是以交流为目的而产生，用各种语言来传达的）。人面对各种对象的定位，不管是认识性的还是情绪性的，一切情况下都是以建立人与环境之间动力的均衡为目标。

T.帕森在《社会》一书中曾这样阐述："人类形成具有一定意义的志向，其成功的程度有所差别，所谓行为，就是在具体情况下令该志向起作用时，从亲自动手的结构或过程中成立的。"定位的现象是按内与外、远与近、分离与结合、连续与非连续之类排列的，根据这一意义，人的行为都具有空间性的一面。所以空间不是定位的一种特殊类型，而是定位的一个方面。但是必须强调，它只不过是整个定位的一个方面。人为了实现自己的志向，就必须了解空间的各种关系，把它统一在一个空间概念之中。所以"空间"起源于存在的体验，是一个定位的体验；在这种身体（尺度）的体验中，自然隐含了人的意志与情感。亚里士多德把"空间"与"场所"结合起来理解，他认为空间是有方向和质量的力的场（filed）。欧几里得不但认识到物理空间，而且他还发现一种心理的或精神的空间，空间"与其说是从自然中发现的某种东西，毋宁说是人构筑的东西"。爱因斯坦把空间理解为明确推进到"四度空间"——即时间的一系列事件。瑞士心理学家皮亚杰认为：空间意识，是以操作的图式、事物的体验为其基础的。皮亚杰用下面这段话概括了他的研究："空间知觉是分阶段构成的，而不是作为已经

建筑系列——国外后现代建筑

图 39 毕尔巴鄂美术馆局部

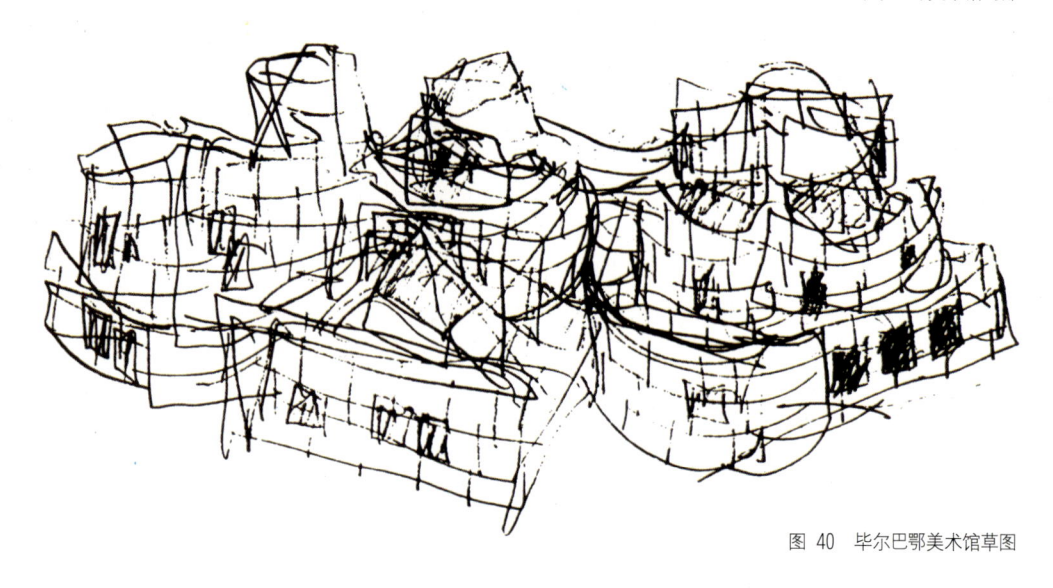

图 40 毕尔巴鄂美术馆草图

完成的东西从精神发达的最初阶段被赋予的,这是十分明显的。"

舒尔茨写道:人类自古以来,不只在空间中发生行为、知觉空间、存在空间、思考空间,为了作为现实的世界形象表现自己世界的结构,还在创造空间。所创造的空间可称为表现空间或艺术空间,它同认识空间一同占据着仅次于顶点的位置(见图41、图42)。描述表现空间与描述认识空间一样,需要一种更加抽象的概念,一种能把表现空间可能具有的诸特性加以体系化的空间概念。我们可称这为"美学空间"。表现空间的创造经常是建筑师、规划师这些专家们的工作,但美学空间则开始由建筑理论家或哲学家们研究起来。从某种意义上说,凡是为了营建目的而在环境中选择一个场所者,均为表现空间的创造者。建筑空间的定义可以说就是把存在空间具体化。

图 41　罗伯特·文丘里的作品细部

建筑系列——国外后现代建筑

图 42　古典主义建筑与后现代的钢架玻璃建筑的拼贴是西方现代城市的常见现象

第四章

阅读中的诗学

建筑系列——国外后现代建筑

后现代建筑大师作品　当代艺术馆

第四章 阅读中的诗学

我们准备就保罗·波尔多盖希（Paolo Portoghesi）关于卡洛·史卡巴（Carlo Scarpa）设计的维加基地的描述作为精神空间和建筑中诗性的描述典例。建筑空间，作为一种环境设计，如水一样连接成如普鲁斯特的小说《追忆流逝年华》那样，充满连续的、不连续的空间意识，如同叙述的绵延的空间。在评述维加基地时波尔多盖希写道："……一种连续性的对比手法所造成的层次感，因而造成只有在古典建筑中才能感觉到的特殊而惊人的复杂与强烈之特质。摆脱一般纯机能性与实用性的限制，他的设计比任何作品都具有传奇而魔术似的情绪。史卡巴常如同在复合句中加以插句的方式，表达他的想法，恰如中国的九重多宝盒，解开一层，里面又是一层。他不遵守时间的连续原则，如同超现实派绘画，暗示一种时间的无常，甚至时光的倒流。"这完全是根植于地区文化的一个故事、一首诗或一幅藉里柯的关于光与影的绘画，一种超现实的场所，让人产生丰富联想、隐喻。它变成了各种场所的复合体，使人在相互交织的地点中漫游体验。正如吉欧费·史考特说："建筑艺术的推敲并不在于结构体本身，而在于结构体对人类精神的影响。"波尔多盖希用诗的感觉描写维加基地的设计：对这基园的设计最有影响的可以说是中国的造园艺术，如在中国庭园中配置连续性的亭榭，并消除严谨的层次关系，而让人在没有任何地点变成固定目标的情况下，从一处漫游至另一处。毕加索的立体派绘画艺术即平面化、空间化和构成式的画面，一种重叠、交错、旋转的视角意识，这在本质上已有解构的特点并为后来埃森曼发展和应用。埃森曼与格雷夫斯在诸多方面有其共同性，格雷夫斯在立面上应用了更多的绘画因素，但埃森曼纯粹从平面上去理解"解构"的意趣，即通过中轴线旋转来生发一种多层意义的感觉。他采用玫瑰红、土耳其蓝、蓝灰、玻珀、杏黄、铁锈、灰白、黄、淡紫、暗绿、暗红等后现代的色调，创造出格里·布拉克或毕加索式的建筑形象。他们的形式语言，被变形地扩大，强化了其复杂性与矛盾性，强化了一种拼贴式的、偶成的、隐喻了的行为和静止视角的破碎感。这既是一种现代意识又是被后现代所发展了的意识，在现当代诗歌中，比如在巴塞尔姆小说中，我们即可读到这种意象偶成，这种碎片式的矛盾。格雷夫斯的建筑如同诗歌和人类历史的碎片，在其静止的某一视点，感受到他的历史文化性和阐释的现代性，画面上所描写的物体、风景、建筑等片断——窗帘、桌布、树木的剪影——通过线、网眼和色彩平面达到了微妙的平衡状态。

建筑系列——国外后现代建筑

水户艺术馆　日本，茨城
设计：矶崎新

　　水户艺术馆位于茨城县的首府水户市，占地13941平方米，建筑面积22432平方米。建筑总体设计成一个个单栋建筑，围绕着城市广场形成了一个内院式环境。该艺术馆包括剧场、音乐厅、现代美术画廊、会议厅和一座高100米的标志塔。该塔象征水户市成立100周年，塔身由56个四面体叠合成螺旋状，表面是钛合金板。

　　艺术馆的各部分可各自独立开展活动，但都不设单独门厅，共用一个"入口门厅"。大厅内设有管风琴。

图 43　水户艺术馆全景

　　格雷夫斯这种文化的复杂意识被后来的依斯列和李伯斯金（Daniel Libeskind）推向了一种拼贴式的、碎片的、偶然的极端，表述了一种后现代式的琐碎感。李伯斯金的这种"拼贴"手法与巴塞尔姆的《白雪公主》、托马斯·品钦的《万有引力之虹》有非常近似的意识。我们可在李伯斯金的柏林"城市边缘"（Berlin City Edge Composition，1987）设计中，见到一种与埃森曼和屈米的建筑类似的形态，即一种对传统"中轴"中心意识的解构，用数根斜线和一些碎片一样的——零散的、无中心的形态进行弥漫性"散落"，从而构成设计的多义性、复杂性。而这种"多义"与"复杂"的意识，使我们又想到了博尔赫斯"迷宫"与勒·柯布西耶在更早一些时候的修道院设计中对"晦暗"的光的理解，即矶崎新所论述的"地中海——性"的关联。这是一种深层的对明晰性的以及逻辑与理性（Reason）的反叛，也即一种"后现代"意识。在李伯斯金的柏林"城市边缘"设计中体现了这种精神（见图43、图44、图45、图46、图47、图48、图49、图50、图51、图52、图53、图54、图55）。

第四章 阅读中的诗学

图 44 水户艺术馆内景

图 45 水户艺术馆内景

建筑系列——国外后现代建筑

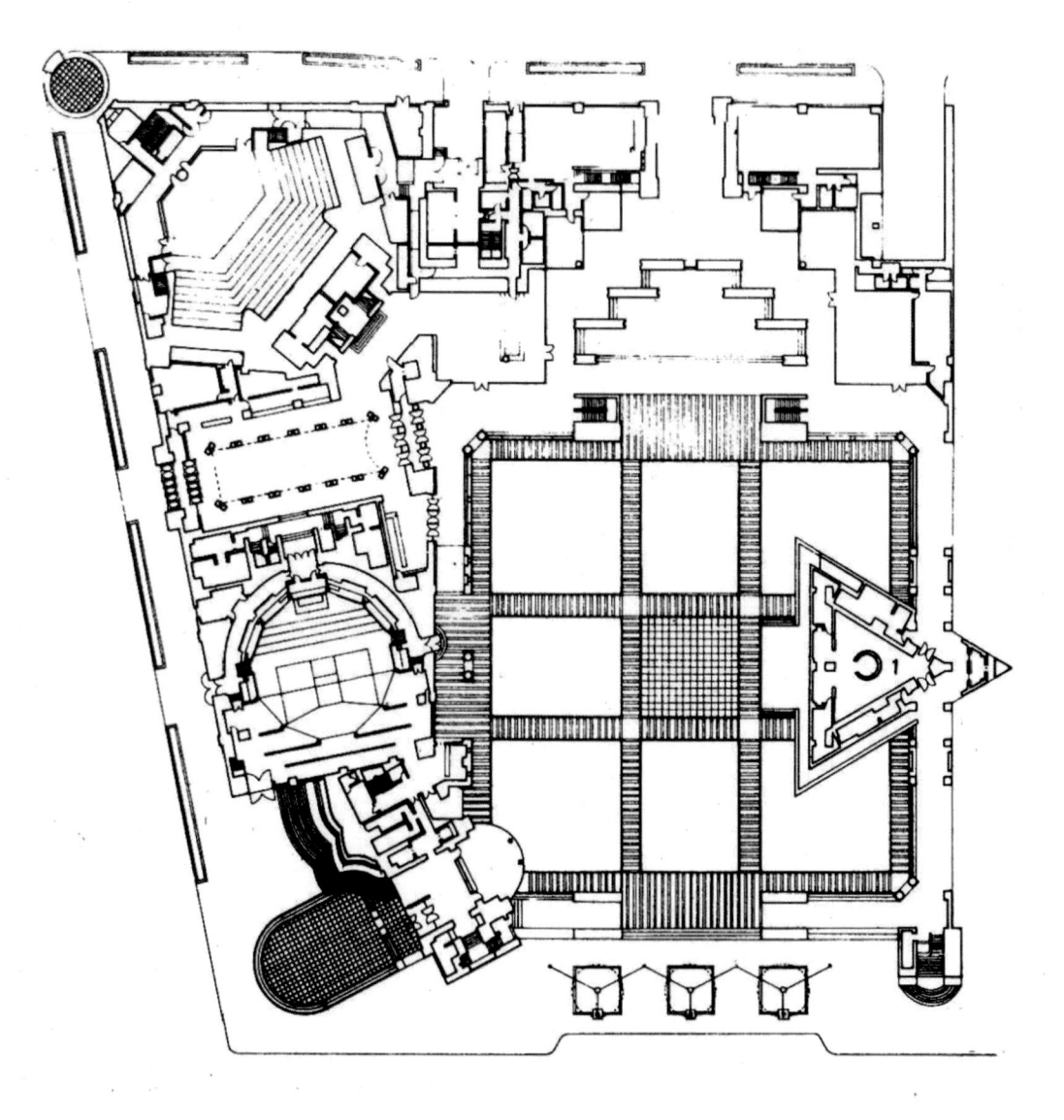

图 46 水户艺术馆一层平面图一

第四章 阅读中的诗学

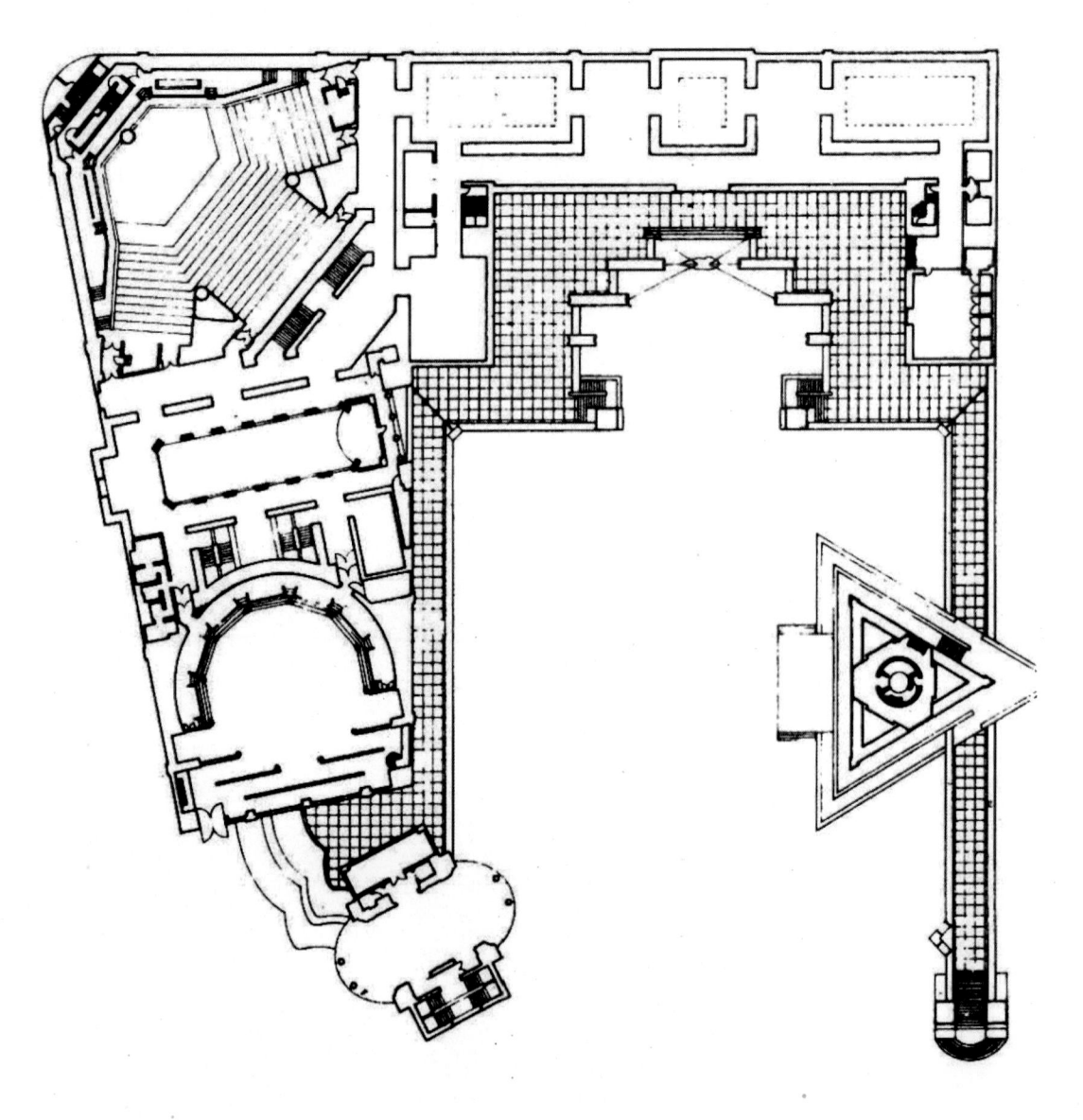

图 47 水户艺术馆一层平面图二

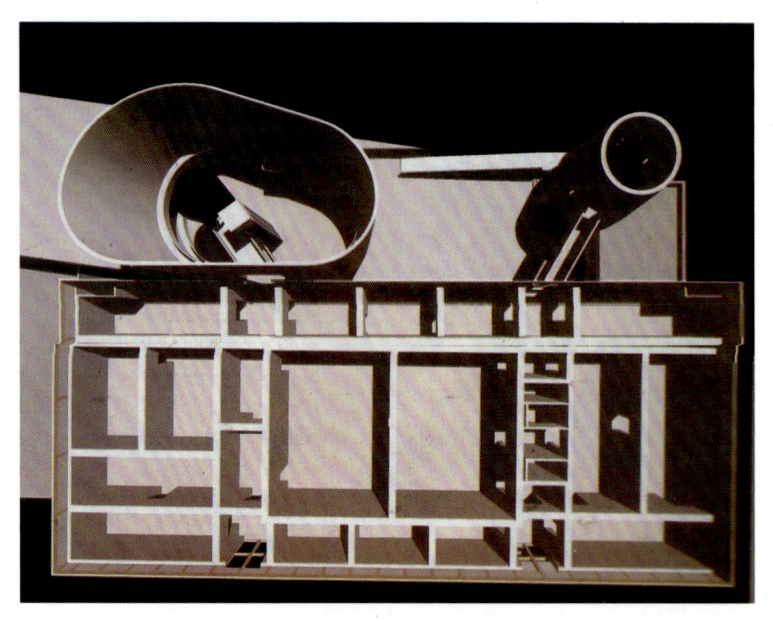

建筑系列——国外后现代建筑

图 48 斯图加特现代美术馆模型一

斯图加特现代美术馆　德国
设计：矶崎新

斯图加特美术馆新馆位于老馆南侧，被建在一块东南高、西北低的坡地上的一座群体建筑，西面隔康拉德·阿德诺尔大街同斯图加特国家剧院相邻，由新美术馆、剧场、音乐教室楼、图书馆及办公楼组成。

图 49 斯图加特现代美术馆模型二

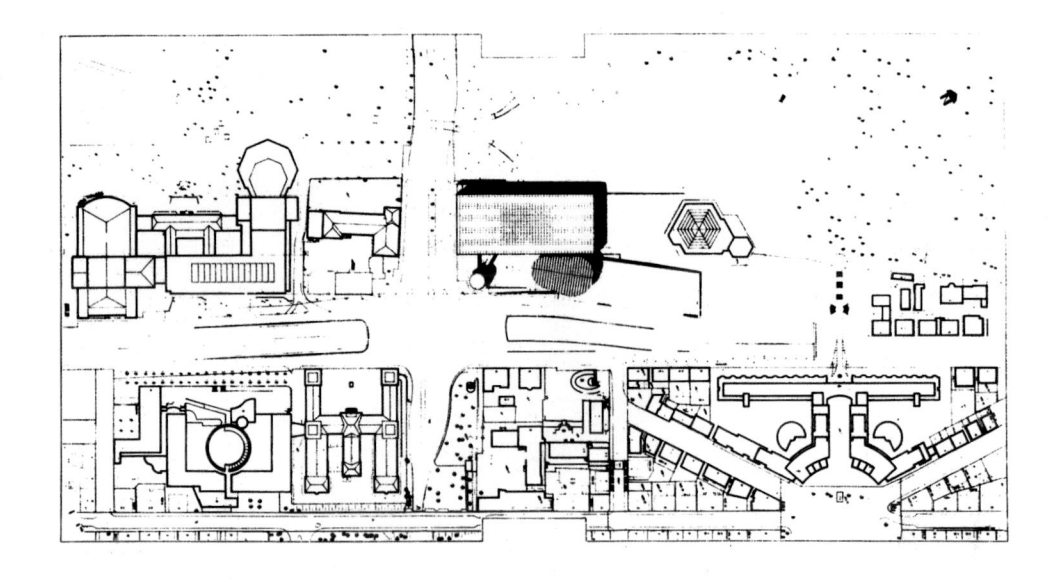

图 50 斯图加特现代美术馆平面图一

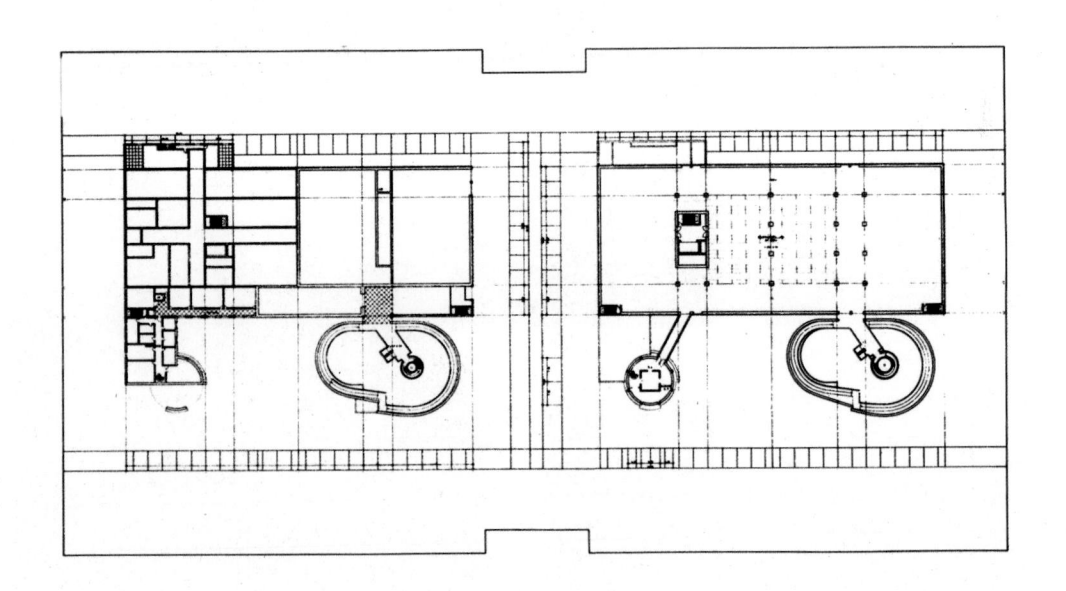

图 51 斯图加特现代美术馆平面图二

建筑系列——国外后现代建筑

北九州国际会议场　日本

设计：矶崎新

北九州国际会议场表现出了解构主义的"无序的美"。其地理位置优越，交通便利，周围有繁华的购物中心。许多国内和国际的重要会议都在这里举行过。

图 52　北九州国际会议场轴测图

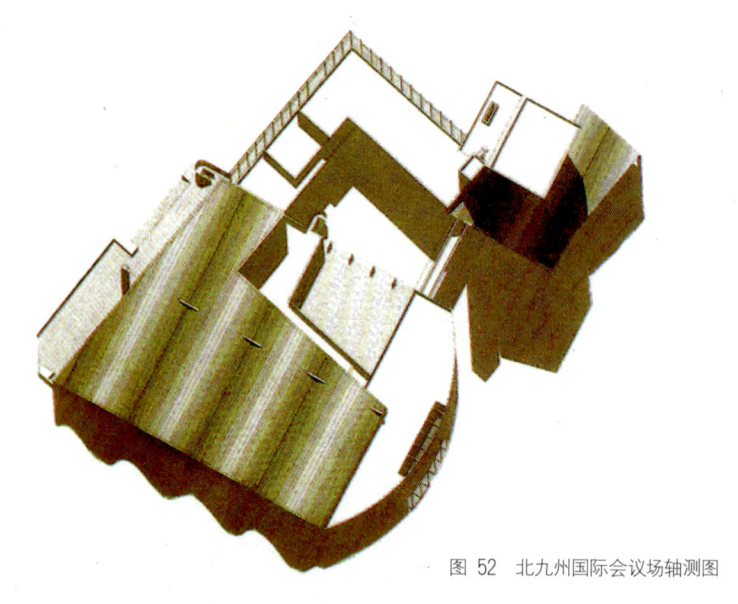

图 53　北九州国际会议场外观立面

第四章 阅读中的诗学

京都音乐厅　日本
设计：矶崎新

音乐厅造型新颖、奇特，采取鞋形设计。厅内可以容纳1800多人，并设有国内最大的管风琴。小音乐厅适合小型音乐会、演讲等活动。馆内还有欧洲风格的餐厅。

图 54　京都音乐厅外观立面

建筑系列——国外后现代建筑

图 55　京都音乐厅内景

第五章

非理性

建筑系列——国外后现代建筑

后现代建筑大师作品　"论坛"展览中心

第五章 非理性

P. 伽德纳在《论反理性主义》一文中指出："现实世界并非表现着某种理智上令人满足的或伦理上可以接受的体系，它实际上没有任何理性和目的，并且，只有彻底从那种体系的束缚下解放出来，才能拯救现实世界。"对这种观点做了最有力的阐述的人也许当推叔本华。叔本华的实存观是对传统方法的毫无通融的拒斥。他把自己的目标确定为"证明世界并非受某种慈善的目的论原则支配或某种基本理性范畴的体现，它实质上与一切理性和评价相反，是一种盲目的无意识力量或无意识冲动，亦即他所谓的'意志'。决定世界形式上的实质的正是这种意志，而非（像黑格尔及其追随者所设想的）根据某种自身内的理性发展规则表现着自身的所谓'绝对精神'或'绝对观念'"。在叔本华看来，全部理性主义（无论科学的理性主义还是形式上的理性主义），都蕴涵着一种非法的关于种种原则的实在本质的假设，而这些原则的根源只不过是人类的理智而已。

与理性相对的这种"非理性"在后现代建筑创作中可见到。这种对传统理性的怀疑渗透着一种荒诞意识，在存在主义者萨特和加谬的作品中就体现了这种荒诞性。在某些方面，萨特严格遵循着笛卡尔主义传统，把他的认识论建立在如下这种对人的概念的理解之上：人是一种有思维能力的意识主体，他处在由无思维能力的种种实体构成的客观世界之中，但是，我们所感受到的这个世界并非是在本性上符合某种既定逻辑秩序的、有其内在理智的世界，它并非受某个仁慈的上帝庇护。法国存在主义哲学家萨特的小说《呕吐》也许是作者的物质实在观的最精炼的表述。该书是萨特的第一篇小说，其中以萌芽状态包含着的许多基本论题都在萨特后来那本深刻的哲学著作《存在和虚无》中得到表述。《呕吐》中的主人翁罗根丁被描写成这样一个人物：他以特别生动和骇人的方式体验着种种事物残酷的偶然性，这些事物显然不能用逻辑的严密性、必然性以及清晰明白等等标准来度量，那种偶然性的本性中的理性，在现实世界中是发挥着作用或体现在现实世界之中的。下述两种情况困惑了罗根丁：一方面是我们用来分类事物的那些方法的自由性和随意性；另一方面，实存着的事物（包括富有内容的事物和空洞的多余物）似乎不可避免地会背离我们所欲强加给它的那种由一些解释性的概念和图式构成的网络。当这样观察问题的时候，世界对我们就表现得似乎毫无意义。

在西方的哲学传统中无论笛卡尔、黑格尔或其他什么人，都不能把我们所体验到的现实世界还原为某种体系，克尔凯廓尔就曾经这样认为。他常常被人们当做现代存在主义的鼻祖。在克尔凯廓尔看来，理性企图把实存解释或证明成一个整体，而这种企图本身就存在着某种不可理喻的东西或某种根本错误。但是在萨特的著作中，人们看到了一种更为实证主义、更为清楚的主张，该主张坚持世界的不透明性、世界的最终不可知性及其抽象的思维范畴的背离关系。

在这种怀疑的、不透明的、不可知的意识或情绪支配下，有许多作品事实上完全放弃了理性深度的思考，浮在作品形式本身的符号化"操作"上面，不像以前，是从理性推导（思辨）出一套形式的规定性；而恰恰相反，他们不考虑甚至放弃思想，从对形式的"操作"中规定出一种形式，然后再寻找一种阐释这种形式的语言。J.海杜克（Joha Hejduk）是这种作法的一个代表。比如海杜克的《宝石住宅》与他在纽约执教时的活动有密切的关系。他通过教材体系化的一系列设定，向建筑初学者们传授原理：建筑形式的结构不是空间的抽象而是产生于建筑诸要素的符号变化，这也是他的中心命题。正像曼弗雷德·塔弗利阐明的那样，他为了符号理论抛弃了结构主义的前卫艺术的包袱，只关心自律符号下的诗学。看看他列举的自律的建筑语言构成要素就可以明白"诗学"的叫法是多么切合他的建筑理论：中心——边缘——斜面——凹凸的神秘，二次元空间和三次元空间的理论法……形体的相互关系、静的要素和动的要素。这些都开始作为建筑词汇的形式来使用。也就是说他在图纸上构思的建筑就是继承建筑语言神秘语法的尝试。

《宝石住宅》是海杜克在一系列教育课程中继《九个棋盘格》之后的作品，是为了弄清平面划分中的教学神秘性，用立体几何学的原理支配、构成空间形成的各个阶段。海杜克的符号学上的构思看上去很像彼得·埃森曼的手法，但前者比后者更加强调建筑草图的自律性（见图56、图57）。实际上埃森曼是为自己的厚纸板和建筑寻找业主，而海杜克却由于过分强调草图和建筑的等同性，创造出的作品距实现的可能性甚远。他为了表现自己的建筑虚构性，不是依靠感觉和透视，而是按照图纸上的物体实用等边的手法去表现（见图58、图59、图60）。在海杜克《宝石住宅》这个作品中，那一连串的符号行列与取材于立体派美学的原理有关，也就是赋予诸平面本来就应有的空间性格。

事实上，在所有今天被称为后现代主义的建筑上，我们举出任何一个例子就可具体感受到对昔日理性的反叛和怀疑。这些例子正如对

第五章 非理性

凯布兰利博物馆　法国
设计：彼得·埃森曼
(Peter Eisenman)

　　该建筑的立面抛弃了花哨的处理，使进入建筑成为渗透入建筑和环境的过程。屋顶的形式反映了两种类型代码，分别代表公共空间和私有住宅。对于民族志学博物馆的建筑体验，不再是穿过一系列静态的单元或从功能出发而得到的分隔。

图 56　凯布兰利博物馆设计意象

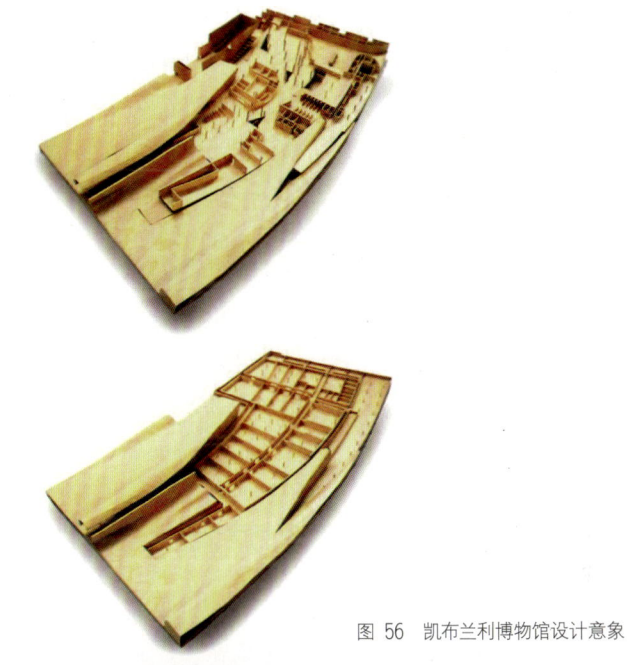

图 57　凯布兰利博物馆外观模型

德里达论著的图解一样说明问题。把密斯·凡·德·罗的作品或柯布西耶的早期作品与东京都江户川区（Eisemman Architects）在平面和立面上比较，就可明确感到所谓"解构"是如何在建筑上进行思考的：用斜线穿插对平行线、垂直线、中轴等进行拆解、破坏，或用一种旋转、重叠、移位等方式进行一种新空间的创造，或对边缘的拓展，导致清晰的界限模糊了。

现代主义经典作品虽然在简化和实用上超过了古典建筑，但在形式和实质上并未超越古典建筑，真正敢于对古典垂直与平行线进行破坏的是解构，即用一种非理性的思考来怀疑与评判理性，从而阐释一种新的美学观。我们可以把方网坐标理解为古典和现代的经典原则，可斜线穿插和零散化形态理解为分裂和解构。

那么，这种穿插的斜线和零散化的形态意味着什么呢？仅仅是对昔日原则的破坏？或是为了建立一新的"世界图式"，一种新的空间解释方法？或是为空间增加一种新的空间时间上的意义？这是一种新的阐释，一种新的理解与体验？随着"解构主

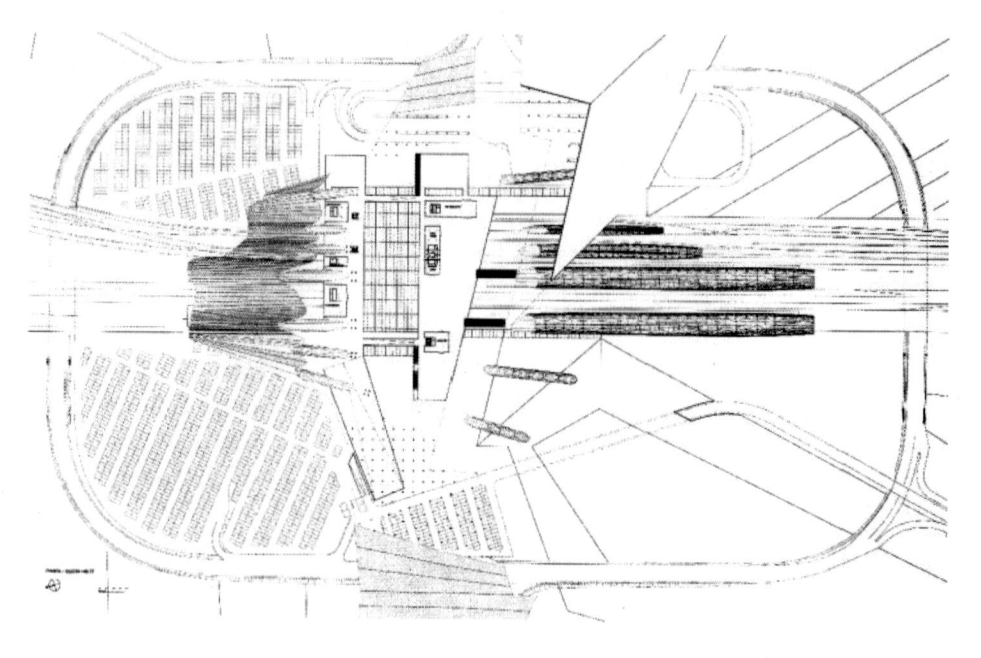

图58 那波里高速铁路TAV火车站总平面图

第五章 非理性

图 59 那波里高速铁路TAV火车站外观模型

那波里高速铁路TAV火车站
设计：彼得·埃森曼
(Peter Eisenman)

埃森曼是著名的"纽约白色派"五人之一。埃森曼和其追随者们总是能够运用自由的客体比如历史事件（广岛原子弹爆炸），特殊境况（上帝之死、家庭生活及社会习俗的转变）以及思想学说（转换语言学、结构主义、概念论、反人类学）来对抗已经发展成熟的关于秩序和场所的学说，并试图扭转古老的中产阶级式的观念，且重视空间价值胜过时间价值。

这一设计区别于其他当代火车站，是特别为那波里而设计的。这一设计将结构的创新和严谨的功能相结合，创造出一个当代的建筑有机体。它是一个具有象征意义的标志。

图 60 那波里高速铁路TAV火车站内景效果图

63

义"（Deconstruction）对结构主义所进行的批判，对结构的"消解"的理论和实践。解构的哲学思想主要集中于法国哲学家德里达（J.Derrida）那里，德氏对结构主义和西方哲学史上有关"逻各斯"（logos）中心主义进行了批判。他的解构观念如下：解构是分析和比较那些在概念上成双成对的关系（即概念对偶）。

因此，解构是反传统和约定俗成的，它是一种新思想、新方法的起点。进行"解构"思考的著名建筑师有埃森曼、哈迪德（Zaha Hadid）、盖里（F. Gehry）等人以及塞特集团和OMA集团，他们的共同点是从整体上或部分地对建筑系统进行批判，寻求平衡性，如在美中寻求丑，理性中寻求非理性。其思想核心是克服约束和真正的阻碍，对系统进行替换和移置，打断整个连续的"文本性"，打乱保守的建筑思想。对和谐进行挑战，对受压制、约束的不纯和杂乱无章的东西以及内在的粗野狂暴进行描绘，消解建筑的限制，对长期以来建立起来的城市和建筑的形象和概念进行挑战。建筑中的"解构"是语言的创新、尝试与探索，它不是保守的而是反传统的、激进的，全是凭建筑师的直觉经验而来。那么什么是直觉呢？按伽德纳的理解，直觉则是另一种东西，人们可以借助它来达到某种内心的、对于潜藏在世界背后并且弥漫于世界之中的创造流（creative flow）的交感进行认知。直线（垂直、平线）的古典原则在这儿遇到了斜线。零散与偶然的挑战，上升到理论层面就是理性与非理性的问题。

在建筑的诸种思维方式中，现代主义的思维方式最强调理性——逻辑。而在这种模式中，就充满了人的意志和非理性。但人是活的生命体验，是一个变量；而"模式"则是一种"常量"，一旦模式形成，就是非生命的了。

纽约建筑师雷蒙德·亚伯拉罕（R.Abraham）在其典型的"巨型结构"（1962—1965年）和"住宅的诗学"（1971—1976年）这两件作品中，表明了他从试图通过技术手段获得乌托邦的观念发展到在神话式的富有诗意的领域中进行构想的过程。前者（巨型结构）对于20世纪60年代有关建筑的争论影响甚大，它体现了那个时代对技术乌托邦具有乐观主义的倾向；后者（住宅的诗学）与其形成鲜明对照，它是一种有关建筑的诗的阐释，而并非一座实用性的建筑，是"心理上的建筑"（Psychical Architecture），它反映了感觉、直觉、本能、幻觉和梦的现实性。亚伯拉罕最引人注目的思想就是认为用笔来进行思考与用实际的建筑来思维具有同样的真实合理性。他认为建

第五章 非理性

筑首先必须是一种思想和观念，随后将该思想现实化。世界上存在着多种可用来表现建筑思维的语言，其中之一就是绘画。绘画能够充分表达思想，人们经常仅将绘画作为表现建筑的手段，而不去思考绘画与建筑地位上的平等，它们均是表达建筑思想和观念的。如果认为绘画仅是表现或再现某幢建筑而非建筑思想，那就将绘画的层次、地位、作用和意义贬低了。亚伯拉罕对著名建筑师斯卡拉利（M.Scolar）、克里尔（Len Krier）、海杜克（J. Hejduk）等有着强烈的影响。他对海杜克在将建筑画作为一合理真实的最终产物方面有着深刻的影响。

海杜克对形式语言的探索很有特点，他认为建筑形式的结构不是来自对空间的抽象分割，而是来自对基本符号的调节与塑造，来自对建筑布局的各基本要素的组合。他仅对自主的、独立存在的符号理论及自主的建筑语言要素感兴趣。如他在设计时注重诸如中心、边缘、正面、斜面、凹凸、二维和三维空间主题等的神秘性质，而研究这些问题均需始于采用某种词汇形式。因此，他的建筑思想与方案是以图解的方式来实现的，其方案可理解为试图追踪某种语言的神秘句法。他的"菱形住宅方案"是对空间的尝试研究，该空间随"九方格网"的问题而来，它的意义由平面划分出来的"九"这个数字所赋予。他的尝试受到20世纪初欧洲实验性电影及其电影美学的影响。因为海氏的建筑画与实际现实的建筑方式是对立的，故他极度强调建筑画的自主性。他认为建筑和图（画）在理论上是平等的，故他的设计很少离开纸而实现过，他认为设计要实现就不得不去满足雇主的要求，但他自己则不这样做。因此在创作时就没有必要在设计上添加任何辅助的东西。他不使用透视图和投影线，他认为这些东西是着眼于最终的主体的（即建筑的使用者和观赏者）。他仅使用轴测图，认为轴测图是在详尽研究、仔细审视中与客观的现实性相关的，并进一步认为透视图是过时陈腐和犯有时代错误的绘画法。因此，该设计中的符号系列就是对立体主义美学中的问题所进行的进一步考察，它试图将只有空间所具有的属性和特征赋予表面（平面），试图在二维的形式中不借外在的、观念形态上的色彩去发现三维空间的可能性。

前面论述到的亚伯拉罕认为建筑首先是一个思想，随后将其实现。而埃森曼则提出了一种"线性"的设计过程，他最终的目标不是像亚伯拉罕那样对在头脑中已想好的形象的实现，而是通过"过程"的积累得到独特的结果。埃森曼的程序是采用一套强制规则形成建筑

图 61　加利西亚文化城室外形式与室内空间表面的关系效果图

第五章 非理性

图 62 加利西亚文化城室外形式与室内空间表面的关系效果图

建筑系列——国外后现代建筑

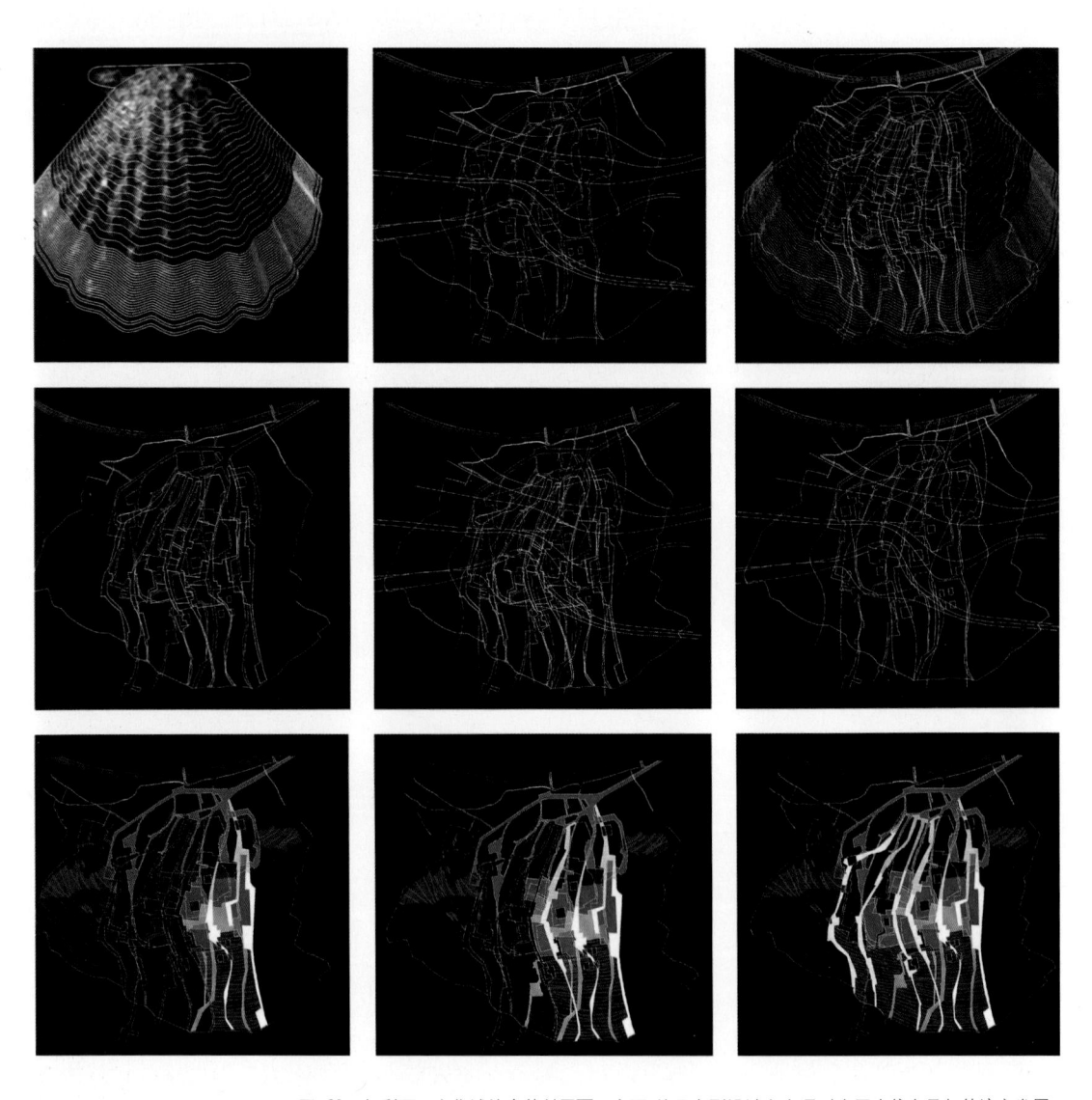

图 63 加利西亚文化城综合体总平面示意图,从贝壳到设计方案通过多层次信息叠加的演变发展

第五章 非理性

图 64 加利西亚文化城总平面图

语言，依规则和程序、过程而得出的设计结果则似乎独立于设计者。这与传统的设计过程不同，传统的设计过程始于预先想好的意象。而在埃森曼的思想中，"过程"变成了对象，最终的产品是每一步骤整个过程的积累，它是逻辑和线性过程顺序发生的产物。埃森曼通过这样的建筑形式语言的规定探索获得了与众不同的结果，这无疑是对建筑可能性的探索（见图61、图62、图63、图64）。埃森曼的这种结果独立于设计者，强调作品自主的能动性的态度与结构主义代表人物巴尔特（R. Barthes）所称的"作者的死亡"和"对本文的乐趣"有内在的关联。因此，建筑就是人的"世界图式"了，从而也就充满了人的"意志"，成了叔本华"世界之为意志的表象"。所以，建筑是一种语言，是表达思想的一种艺术。

意大利建筑师罗西的作品和图表现了他对生命与死亡的内在理解，以及对宗教的执迷和对形式语言所做的探索、对建筑可能性的探索和对建筑形式语言的研究及其在建筑表现中展现。"建筑表现中的新观念首先是一种对建筑的新理解，以及采用一种前人未曾涉足的思考方式。因此，没有思想的建筑表现永远是苍白无力和流入肤浅的"（沈克宁：《建筑表现中的"新"观念》）。埃森曼建筑事务所所设计的东京都江户川区，在平面和立面表现了如何用斜线去"解构"垂直线和平行线。

这些作品通过多种隐喻或暗示仍然在传达着某种"意义"，其手法更为隐晦、模糊与多样，正因此，语言提供的不是逻辑而是与想象和幻觉更近的一种空间或时间的"场所"；这种场所有一种与读者和观念共同创造关于生存的无所不在的过程。这些作品为阐释、体验和理解生存提供了多种可能性。"多年来，我一直梦想着设计一个美术馆。对我来说，每一个设计项目都是一次新的冒险行为。新的地段、新的业主和新的设计内容，使我有可能避免重复过去的作品。"盖里如是说。盖里的解构作品——美术馆，共四层，建筑面积约4.7万平方英尺。底层有贮藏室、商店和机电设备用房。第二层也是商店和贮藏室。上面是办公室，主要的展览空间包括魏斯曼的收藏品，位于本馆东南部位，是一个巨大的矩形空间，有三个形式讲究的天窗提供自然光。同一层中，还有商店、供出租的画廊、登记处和印刷研究室。还有一个面积近150平方米的黑盒子——影视厅，它可以活动，在必要时可以移开，而与相邻的展室相连。这个美术馆刚建成便获得两个绰号："锡罐碉堡"和"不锈钢洋葱头"。这是盖里在美国中西部的

第五章 非理性

第三个主要作品。它的扭曲的形式令人困惑。由于用地比较狭窄，它的雕塑制作只集中在一个面上，在夕阳下，蒙在整个立面上的不锈钢板反射着金色的和桃红色的亮光。外部虽然显得粗大和轻率，室内设计却显示出对艺术品的无微不至的关心。冷调子的静谧的展厅里，由天窗倾泻下来的自然光线（天窗的百叶由电脑控制）似乎充满着活跃的生命力（见图65、图66、图67、图68、图69、图70）。

1989年10月在俄亥俄州哥伦布市落成了埃森曼的一个力作，即俄亥俄州立大学的韦克斯纳礼堂艺术中心（以下简称"中心"）。埃森曼的思想首次"真正完全实现"，他的建筑轰动一时，在落成后的三四个月内成为各建筑刊物上介绍和评论的焦点。1989年10月的《进步建筑》、1989年11月的《建筑设计》、1990年1月的《建筑与都市》等世界性权威刊物都专集介绍了埃森曼及其"中心"作品。埃森曼本人认为，"中心，至少在美国建筑中引导了一个新的方向"，菲利普·约翰逊则认定，"中心，以一种（比后现代主义）更为深刻的方式标志着美国建筑的一个转折点"。"中心"方案定稿于1983年，

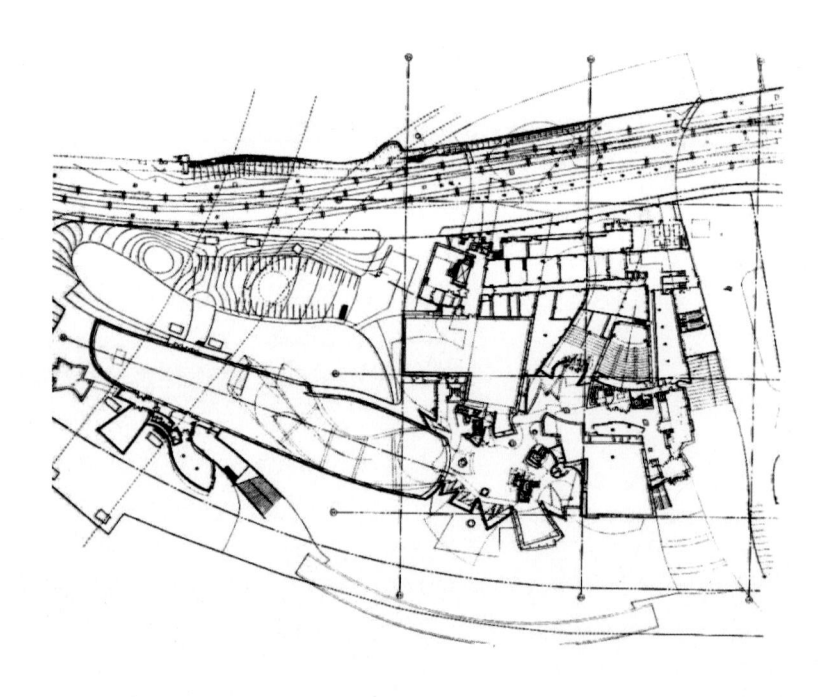

图 65 毕尔巴鄂古根海姆美术馆平面图

建筑系列——国外后现代建筑

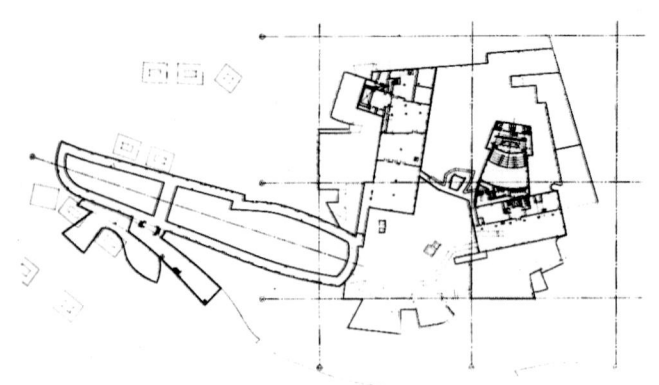

图 66　毕尔巴鄂古根海姆美术馆平面图一

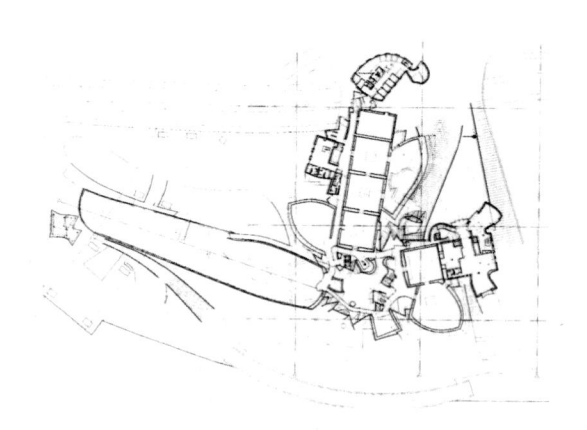

毕尔巴鄂古根海姆美术馆
设计：弗兰克·盖里(Frank Gehry)

　　毕尔巴鄂古根海姆美术馆为弗兰克·盖里的建筑作品。该馆建在水边，与城市立交桥形成有机的组合，建筑占地为2.4万平方米，位于勒维翁河滨。其外形造型由曲面块体组合而成，内部采用钢结构，外表用钛金属饰面，钛板总面积为2.787万平方米。而主要展馆和首层基座部分相对比较规整。动态部分主要是入口大厅和四周的辅助用房，变化的形态向上逐渐收缩。

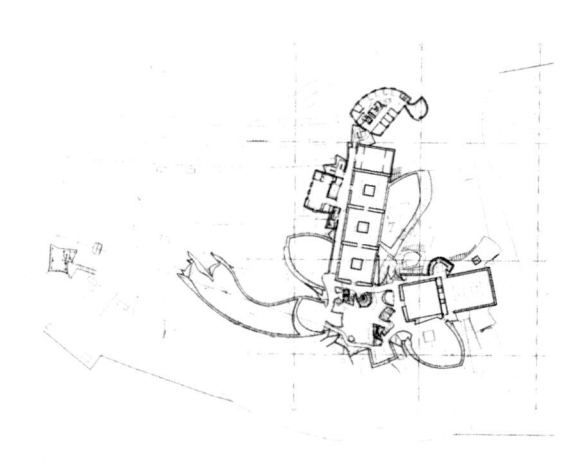

图 67　毕尔巴鄂古根海姆美术馆平面图二

第五章 非理性

图 68　毕尔巴鄂古根海姆美术馆内景局部

建筑系列——国外后现代建筑

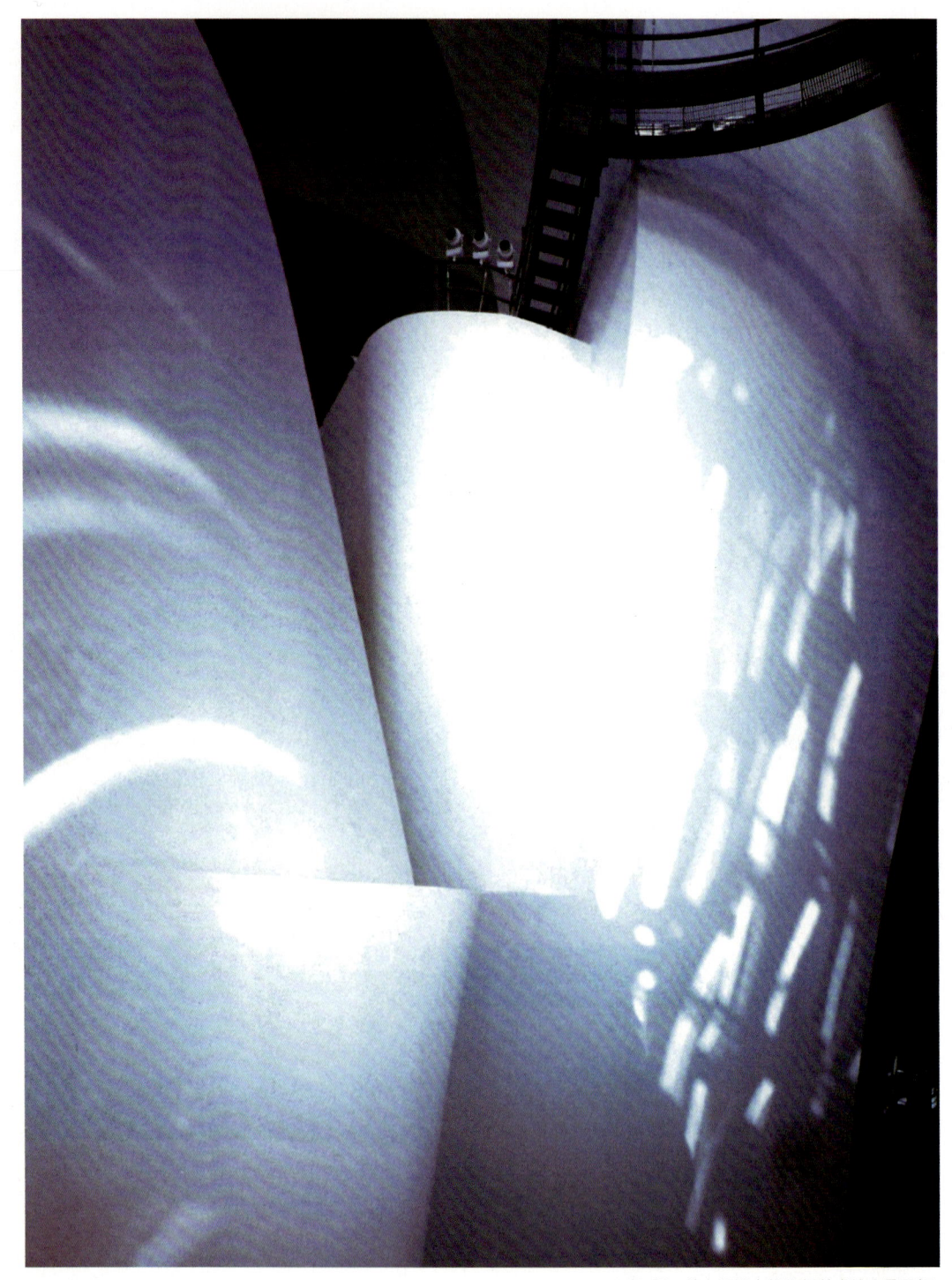

图 69　毕尔巴鄂古根海姆美术馆内景局部

第五章 非理性

图 70 毕尔巴鄂古根海姆美术馆顶部内景

当时俄州立大学拟为前卫派艺术提供一个活动中心,地段选在大学椭圆广场的东北角。该地段中已有两幢建筑:粗野主义风格的维吉尔礼堂和分段式古典主义风格的默逊会堂,并遗留有一座毁于1958年大火的军火库建筑。业主指定五个设计小组进行投标,结果埃森曼击败了佩利、格雷夫斯、埃里克森等名家,其中标方案获1985年《进步建筑》杂志奖。"中心"方案的成熟性和解决问题的巧妙性是显而易见的,虽然作为评委的约翰逊一度倾向于格雷夫斯后现代主义风格的方案,但在"中心"落成后却承认自己"完全错了"。

第六章

后现代建筑与艺术哲学

建筑系列——国外后现代建筑

后现代建筑大师作品　加利西亚当代艺术中心

第六章 后现代建筑与艺术哲学

沃林格指出，抽象首先具有宗教色彩地表现出一切看似对世界的明显的超验倾向，即把事物外在显现方式的制约性及其与混乱的外在生命的关联性降低到最低限度，并以这种方式使事物摆脱一切对它所作的迷乱的感官把握，从而使之获得解救（见图71、图72、图73、图74）。其次，抽象与移情不同，它挖空了一切现实的内容。在移情中，自我与那种其所有意义均来自于自我的艺术作品间存在着最密切的关联；而在抽象中，自我成了对享受程度的损害，成了对艺术作品给人可能幸福的破坏。因此，抽象有一种冲动，使单个物体尽可能地不仅独立于围绕着它的外在世界，而且也独立于关照它的主体而存在。观赏它的主体在这种单个物体中所享受到的并不是类似自身生命自由的东西，而是一种必然律和合规律性，观赏者在这种必然律和合规律性中，随着他的生命关联就能获得心理的慰藉。

沃林格还进一步指出，这种抽象的冲动并不是理性介入的产物，不是智力思考的结果，而是未受玷污的内心本能的倾向。他说："抽象冲动并不是通过理性的介入而为自身创造了这种具有根本必然性的形式，正是由于直觉还未被理性所损害，存在于生殖细胞中的那种合规律性的倾向，最终才能获得抽象的表现……人类凭其理性认识来了解外物，与外物的联系越少，人类赖以谋求那种最高级的抽象之美的可能也就越大。"（W.沃林格《抽象与移情》译者前言，王才勇，辽宁出版社1987版，第15页）关于这一点我们可以在许多现代主义作品中见到。

在建筑上，单就从古希腊人像柱式到爱奥尼亚柱、科林斯柱式再到文艺复兴、新古典主义柱式，最后到柯布西耶的柱式，我们看到了建筑是如何从"具象"到"抽象"。这是一种从感官到归纳，到现代"纯粹的整一性"的发展。人的意志一直如"影子"一样隐藏在后，不管形式多么抽象，仍然是人的"影子"。人体的形状逐渐被减化为曲线的几何体，也就是说艺术家在逐渐排除联想和模仿因素，企图让艺术逐渐摆脱对世界（自然）的依赖而走向一种独立的纯粹的美的形式；但这种做法事实上在排除人的因素的同时也排除了有关人和人的生命存在的相关因素，即人的情感、道德、人的生命和存在，这同时是现代主义最终走向困境的一个起点。

文化上的"现代性"在后现代主义建筑设计思想、建筑文化和形象上均有体现。建筑不是一个孤立的形式，建筑创作后面的整体性文化意识是建筑创作的"土壤"，建筑作为一种文化表征形式，其水平

建筑系列——国外后现代建筑

图 71　克尔·艾米教堂侧立面局部

图 72　克尔·艾米教堂正立面局部

第六章 后现代建筑与艺术哲学

克尔·艾米教堂
设计：威廉·P.布鲁德

　　该建筑群的主要建筑材料为砖石构件，标准的20.3厘米×20.3厘米×40.6厘米砂石砖砌成墙体后再经喷砂处理，使得建筑与基地牢牢结合。内外墙面的外层都采用砖块作为装饰材料。建筑群东墙在平面上是组合曲线，在剖面上内曲线和外曲线与直线形成最大为7度的角度。室内的白炽灯和由蝶形屋顶上南北朝向的天窗射入的自然光进一步强化了这个三维几何构造的动感和砖墙营造出的力量感。南墙紧靠天花板处设计了一个方窗；北墙上的长条形窗户开在墙体的下部，从地板到过梁相距12米，而墙体净高达8.5米，由此造成巨大的重量感。

高低决定于整体文化水平的高低。

　　那么"现代性"是什么呢？我们可以发现在欧洲20世纪初影响巨大的弗洛伊德同样在伦理生活和艺术上产生了巨大影响。弗洛伊德的潜意识、人格结构、梦与幻觉、内心独白等几乎也成了艺术家关注的对象。艺术于是从"集体意识"或一种"理性"意识形态走向了个人，走向感性的个人内心生活。艾略特在他的《荒原》中所表达的现代人对世界与生存的体验，在西方现代派时代的其他艺术形式中也有几乎完全相同的感受。我们在这里可以看到现代建筑与后现代建筑的几个关键的美学倾向。

　　现代建筑运动的建筑部门开始利用机器，但他们心目中的机器是由单纯的合成元素构成，为一般状况而凑合的部分，而离散的部分则在代数性的运作下，引发了机械论的哲学。截至目前，机械的大量使用已是显而易见，并且扩展了工具的领域。今天，可见的世界里虽

图73　克尔·艾米教堂侧立面

图 74　克尔·艾米教堂正立面

已经摒弃了机械论的某些部分，我们仍然觉察到无处不在的机器在运作。如果让这些机器视而可见，只不过多了一件商品的外在包装而已。机器已成为一种冷酷有时甚至扮演了小丑的角色。它扰乱了人们经营的日常生活并加剧了无意义的活动。由于人们对机械的偏爱，似乎已不可能从他们冷酷锐利的印象里，找到情感的刺激了。

　　勒·柯布西耶说："建筑是居住的机器。"萨伏伊别墅就是一台"船"式的机器（见图75、图76、图77、图78、图79）。这种"机器"概念的极端化是建筑被理解为纯粹机器，这种美学观延伸到后现代建筑中就是所谓高技派建筑观。当夜幕低垂，影亦随之消失，万物为暧昧之雾所围绕之时，影给予了事物不同性和非现实的感觉。微明是一种压抑视觉差异的暗示，用人工微明的建筑创造，比如以无尽系列的简单元素（一种我称之为扩散的过程）来覆盖建筑物的外部，减

第六章 后现代建筑与艺术哲学

少了差异性，也同时造成了微明的效果（见图80、图81、图82）。此种做法使事物表面本身的活动暂停而完成平衡和能量的扩散。某些淡色所造成的阴影或阴暗和低调色结合在一起，使得现实和幻觉的差异变得暧昧不清。在小说、诗歌、绘画和建筑的平面和立面设计点上，这种微明表现了多义性和阐释的无限可能性。这是后现代建筑空间的突出特色。

废墟是死的建筑，它们的整体印象已不复存在，如果要使废墟恢

萨伏伊别墅　法国，普瓦西
设计：勒·柯布西耶(Le Corbusier)

　　萨伏伊别墅位于法国巴黎近郊，是一个富豪的别墅。由勒·柯布西耶于1928年设计，1930年建成，方形，高三层。这座别墅的价值远远超过了它作为独立住宅的自身，由于它在西方"现代建筑"历史上的重要地位，被誉为"现代建筑"经典作品之一，它是与勒·柯布西耶的全部建筑和城市规划事业相关联的。柯布西耶提出"新建筑"的五个特点：（1）支柱层，主要房间设在二层；（2）屋顶花园；（3）自由的平面；（4）横向长窗；（5）自由立面（成为一片可供自由处理的透明或不透明的薄壁）。萨伏伊别墅就是综合体现上述特点的，是与传统住宅建筑完全不同的代表作。从外观上看，形体简单，但内部空间却很复杂。它与欧洲传统住宅大异其趣，表现出20世纪20年代建筑运动激烈的革新精神和建筑观念。

图 75　萨伏伊别墅内观

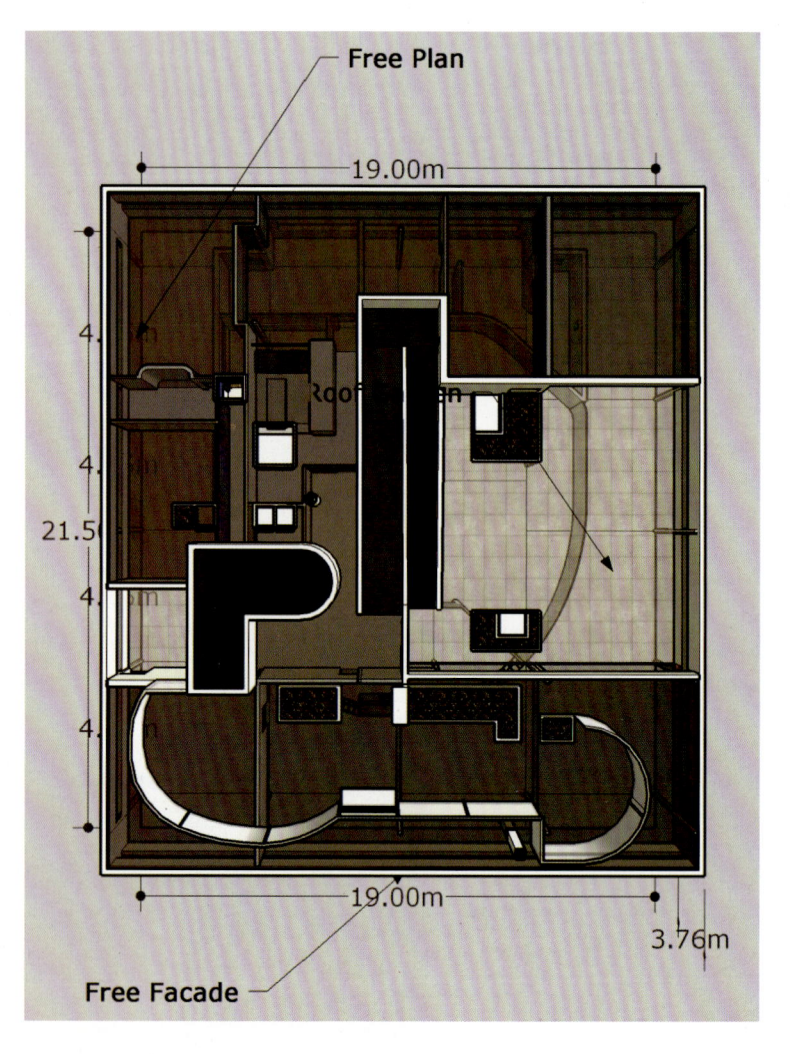

图 76 萨伏伊别墅总平面图

复生机,遗留下来的残缺部分则需要运用想象加以整合。当建筑一旦成为废墟之后,任何加诸于它们的事物,只能有限地取代失去的部分,当它获得完美滋润(完全地回复)后,这些废墟又会面临另一次空虚和重归废墟状况的处境。这几乎是当今后现代建筑的特色,比如李伯斯金、盖里、海杜克、屈米等。

在这几个特点的背后,是"文化的整体性"背景。如果没有这个背景而只是在外表上去模仿,不但学不会而且很荒谬,当然,从另一

第六章 后现代建筑与艺术哲学

个角度讲荒谬也是创造,这就是我们今天的建筑面临的事实。比如埃森曼事务所设计的东京都江户川区。

在阅读了埃森曼颇有理性分析的"解构"风格后,我们再回头看看密斯的设计作品,可见到相当清晰的逻辑理性:一种"古典"的精神。时间则是一种固定的、理性的直线构成的逻辑,而我们看到的"解构"的图板,却充满和斜线穿插的偶然性,但"视点"增多了,时间变化了;人们可以从不同视角看到一个千变万化的空间,具体时

图 77 萨伏伊别墅室内

建筑系列——国外后现代建筑

图 78　萨伏伊别墅外景

图 79　萨伏伊别墅正面

第六章　后现代建筑与艺术哲学

间充满了戏剧性和偶然性。而在这条实验的路上走到极致的有两人：一是前面提到的李伯斯金（Daniel Libeskind），另一人则是哈迪德（Zaha Hadid）。在李伯斯金的平面中，我们只可隐隐阅到一条中轴，它已经被各种非理性的零散的情绪"解构"得难以辨认；这个平面仿佛是波洛克行动的绘画作品。事实上，对李伯斯金来说，一个边缘模糊的城市的自然延伸已经是他最好的素材，他可能认为那种延伸

BCE宫　加拿大，多伦多
设计：圣地亚哥·卡拉特拉瓦
（Santiago Calatrava）

　　卡拉特拉瓦是世界著名的创新建筑师之一，以优雅动态的桥梁结构设计与艺术建筑而著名。他最初的作品多是火车站、机场和桥梁。他常以大自然和人体的动态结构分析作为他设计时启发灵感的泉源。
　　BCE宫是多伦多第二大最具特色的建筑，它位于多伦多市中心，由几个大商场相连构成。基石是粉红色花岗石，窗户为茶绿色，由圆形的两塔包围。设计师想制作出摩天大楼的缩影。其凹凸不平的边缘为此建筑增添了艺术效果，体现了建筑与雕塑惊人的艺术价值。使它在多伦多众多杰出建筑中尽显魅力。

图 80　BCE宫一侧

建筑系列——国外后现代建筑

图 81　BCE宫一角

第六章 后现代建筑与艺术哲学

图 82 BCE宫一侧

建筑系列——国外后现代建筑

瓦伦西亚科技中心天文馆
设计：圣地亚哥·卡拉特拉瓦
(Santiago Calatrava)

球形的天文馆以知识之眼为设计概念，眼睛是人类观察世界的灵魂之窗，眼球造型的天文馆当成瓦伦西亚城市文艺复兴的起点别具新意。为了避免与科学博物馆冲突，天文馆的地坪设在地面以下，通过一条下沉的廊道进入。天文馆被覆盖在一个透明的拱形罩下，罩长110m，宽55.5m。这个混凝土结构的造型及其运作过程十分诱人：在罩的一侧，一个巨大的门上下开启与闭合，露出里面的球形天文馆，就像是一张一合的眼帘。当这种运动反射在前面的浅水池中时，眼睛的联想就更为强烈了。

的复杂的枝叶是人性自然发展中最有诗意的表征。这与勒·柯布西耶早期梦想的城市乌托邦是两个极端，从中我们可以见到当今思维已经散没到何种程度。一条已经控制不住的主轴（我们可以把它说成是逻辑和理性的象征，也可把它看做古典传统）在多元化发展的人性、复杂性中摇摇欲坠，最自由的、任意的、偶然的多元发展成为了人性的自然显现。而这种感受我们均可在劳森伯格的绘画、巴塞尔姆的小说中见到。

另一种后现代建筑师们则倾向一种"乡愁"的空间和"家"回忆的超现实梦幻之中，作品像积淀在内心深处的梦，充满了浓郁伤感。阅读者被置于永远寻找家园和被放逐的位置上（见图83、图84、图85、图86）。

上述作品都在不同程度上带入了"人"的空间和人的非理性的设计观念，这种对建筑的诗性的强调对当时来说是非常具有后现代意义的。

后现代意识还表现在如下几个方面：①对海德格尔的"居"的思想的浓厚兴趣和研究；②对建筑场所的"现象学"研究，比如对建筑场所感性、非逻辑、直觉性、非理性等问题进行研究；③对存在空间理论的研究；④充塞在许多建筑意识中"解构"思想和"建筑作为语言"的阐释方法；⑤建筑向艺术的偏移，与此相对应的是对建筑文化属性的研究；⑥建筑作为环境艺术的观念的日益凸现；⑦对感性和非理性的注意与强调对人的主体性的重视；⑧对形式与风格的强调；⑨历史与怀旧；⑩乡土情结，仍然是一种怀旧；⑪把现代主义"机

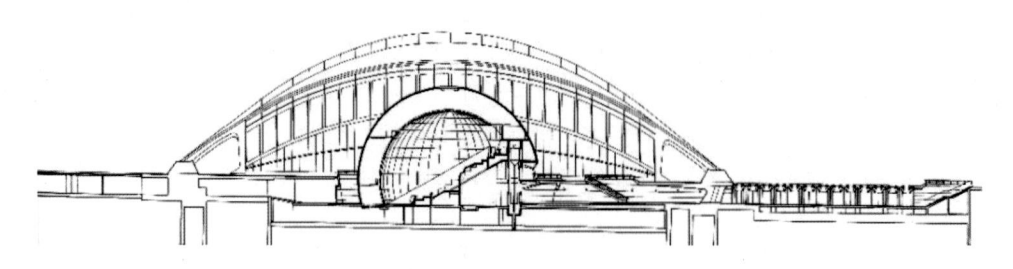

图 83 瓦伦西亚科技中心天文馆剖面图

第六章 后现代建筑与艺术哲学

图 84 瓦伦西亚科技中心天文馆一角

建筑系列——国外后现代建筑

图 85 瓦伦西亚科技中心天文馆一侧

第六章 后现代建筑与艺术哲学

图 86　瓦伦西亚科技中心天文馆远景

建筑系列——国外后现代建筑

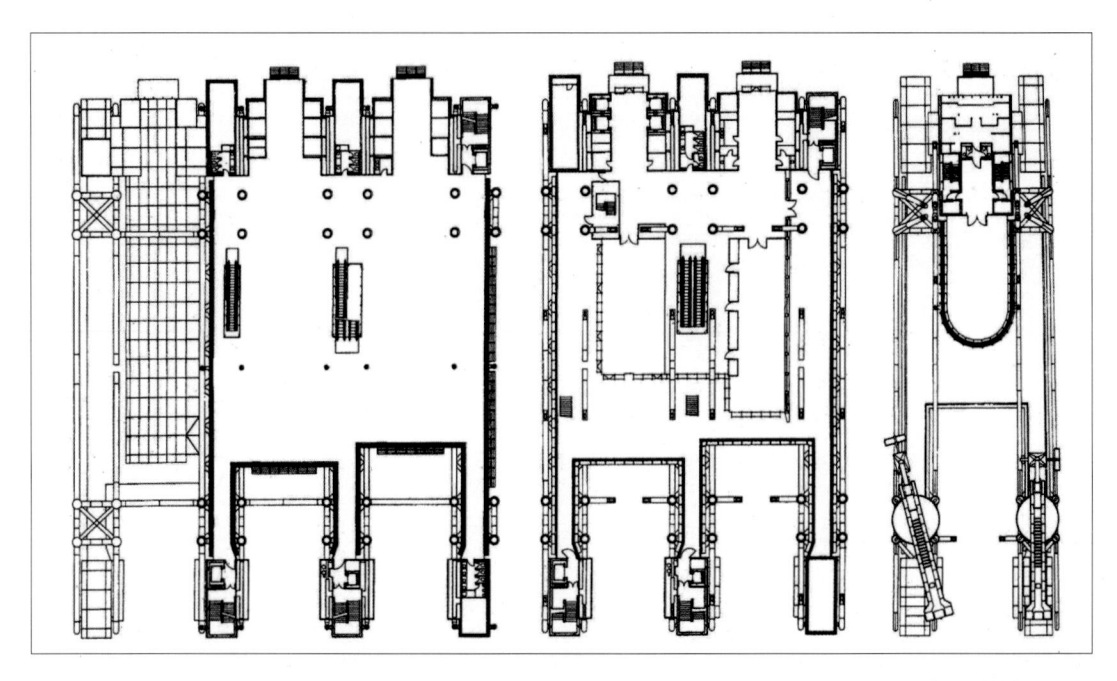

图 87　香港汇丰银行平面图

香港汇丰银行
设计：诺曼·福斯特
(Norman Foster)

建筑师诺曼·福斯特的作品，著名的高层办公建筑之一。其设计体现了"凡是技术达到最充分发挥的地方，它必然达到艺术的境地"。在结构和空间组织上，建筑被划分成小尺度的"村落"；视野开阔，可以让人毫无障碍地观察到所有职员；多层的银行大厅空间由多级自动扶梯连接；在大厦底层有开放的公共广场。这一建筑合理利用材料，顺应结构规律并兼顾到建筑的人性和美感，可以看出福斯特作为"生态建筑"和"智能建筑"开拓者的领袖精神。

器"意识推到极端，建筑真正成为了"居住的机器"，这就是"高技派"（见图87、图88、图89）。上述各项是一个整体，互为包涵。但这些意识仅仅局限在"意识"之中，要应用于实际工程还有一段距离。由于管理体制、经济原因和建筑本身作为一个大型社会性工程的重要性，建筑艺术上的先锋性不可能如文学与绘画那么自由和富于幻想。

第六章 后现代建筑与艺术哲学

图 88　香港汇丰银行屋顶细部

建筑系列——国外后现代建筑

图 89　香港汇丰银行远景立面

第七章

后现代建筑的意义

建筑系列——国外后现代建筑

后现代建筑大师作品　欧莱雅工厂

第七章 后现代建筑的意义

米拉公寓　西班牙，巴塞罗那
设计：安东尼奥·高迪
　　　（Atonio Gaudi）

　　米拉公寓于1906—1910年在西班牙巴塞罗那建成。设计者为西班牙著名建筑师安东尼奥·高迪，他是在建筑艺术探新中勇于开辟另一条道路的人，以浪漫主义的幻想极力使塑性艺术渗透到三度空间的建筑中去，在米拉公寓设计中，他把重点放在造型的艺术表现方面。他发挥想象力，建筑形象奇特，怪诞不经。同时吸收了伊斯兰建筑的风格，与哥特式建筑的结构特点相结合，采取自然的形式，精心去探索他独创的塑性建筑楷模。

　　非人性建筑制度已成为稳定的建筑体制文化，如功能主义、逻辑主义、经济决定论、直线、简洁、方盒子的崇拜。如果我们真正把建筑作为人性的容器，作为一种感性的艺术来思考，这种思想就可以称为建筑的"先锋"思想，也可称为建筑的"后现代"思想。因为建筑是"机器"的偏见已经成为"体制"的文化观念，所以，提出建筑与人性相联，事实上是对抗这种体制。我们把建筑作为"凝固的诗"（歌德语）来阅读，作为具有双重译码的语言来阅读——从巴黎圣母院到赖特，如何通过它的"空间形式"把空间诗意化；勒·柯布西耶又是如何通过一种幻想的、非理性的"朗香教堂"而走向神秘的超现实；悉尼歌剧院又为何让人联想到"归帆"意象和桌面上苹果的1/4切割的构成；高迪又如何用他的雕塑手法使建筑表述了一个加泰罗尼亚式的梦幻与怪诞（见图90、图91）；路易斯·康又为何在"光与静"的画面里寻找建筑的诗意或时光的流逝的感觉，等等。建

图 90　米拉公寓外景

图 91　米拉公寓近景

筑史绝不仅仅是一部"石头史",它是一部关于"人性的殿堂"的故事,是凝聚着人类思想的诗的历史。建筑与文学、绘画一样,在它的时间与空间中充满了人——关于生存,关于爱、激情,关于在世与彼岸的祈求。建筑史成了一部人性的历史,成了人逃避生存痛苦、寻找意义的历史。建筑的诗意正是人们关于寻找诗意的栖居的体现,是生存的具体形式。我们讨论的建筑也包括园林(景园)和室内空间,即在"场所"的定义上对建筑进行讨论。"场所的精神"这个概念是舒尔茨在其《存在·空间·建筑》一书中提出的,关于建筑空间"是以人的存在这一次元为限的空间"的定义和"环境图式"、"世界内存在",以及"存在空间"这些概念是很有文学意义的概念。

　　人生存在世界空洞的时间中,可以赖以生存的、触摸、丈量的是他居住的环境。如果说"环境"是人活着的具体确切可靠的尺度的

第七章 后现代建筑的意义

话,那么这个尺度便可以更具体到居室,居室四周的园林、庭院,居室内的窗、门、柱四壁和家具以及居室的结构。对于细心的人来说甚至可以具体到室内每个木榫和床上的每个织锦,等等。这些与人的精神、身体产生千丝万缕的联系。环境对于人已成为多种意义的载体,已产生了自身的意义。

建筑经常作为"丈量"人的存在的具体尺度。反过来,我们也可以说建筑是人根据自己的尺度("人是万物尺度")、意志及情感建构的。从帕特农神庙的每一根人像柱到密斯·凡·德·罗的建筑,再到日本建筑师矶崎新或者安藤忠雄的已高度抽象化了的柱式,无不"体现"了人的尺度(见图92、图93、图94)。

建筑是人的意志的外化。按照海德格尔的思想:存在于诗中"显现",真理于艺术中敞亮;"如此朗照的光投射进作品,这投射到作品的光线就是美。美作为真理存在的一种方式。"不仅艺术本质上是诗,"技术"本质上也具有"诗化"的特征。"技术"在希腊人那里称为"去蔽见真",即恬然澄明之意。换句话说,"技术"本是"创造",而"创造把晦蔽状态带入敞亮状态,因为只有当晦蔽进入敞亮状态时才会有创造"。

后现代建筑家海杜克的《宝石住宅》通过对教材体系的一系列设定,向建筑初学者们传授建筑形式的结构不是空间的抽象而是产生于建筑诸要素的符号变化。这一原理,也是他的中心命题。

现代主义经典建筑大师用他们的作品简化了古典主义,但在某些形式方面实质上并未超越"古典",真正敢于对古典直线与平行线进行破坏的是解构主义,即用一种非理性的感觉对理性进行怀疑与评判,从而阐释一种更"后现代"的美学观。我们可以把方网坐标理解为古典和现代的经典原则,把斜线穿插和零散化形态理解为裂和解构。这种"解构"就是一种后现代式的批判,即对体制化了的网格的破坏(见图95、图96、图97、图98)。

那么,这种穿插的斜线和零散化的空间形态意味着什么?仅仅是对昔日原则的破坏?或是为建立一种新的"世界图式",一种新的解释方法?或是为空间增加一种新的空间时间上的意义?一种新理解与体验?

一个"适度地"体现了建筑中非理性因素的建筑是1989年10月落成的俄亥俄州立大学的韦克斯纳礼堂艺术中心,这是埃森曼首次"真正完全实现"他的建筑观的作品。韦克斯纳礼堂艺术"中心"的表象

建筑系列——国外后现代建筑

日本京都府立陶板名画庭园
设计：安藤忠雄

　　该建筑于1994年在京都竣工，是世界上第一个以回廊式绘画庭园方式，忠实地再现名画的造型和色彩的陶版画庭园。它和传统的庭园从根本上有所不同，安藤忠雄强调的不是静，而是动线的重叠，错综立体的视线深入地下的效果，让人难以忘怀。

是一些互不相干而又冲突的建筑要素：一堆砖砌体、一组金属构架、重叠断裂的混凝土块及西北、东北两角红砂岩植物台基等。这些要素冲突的原动力在于设计同时参照两套互成12度夹角的平面网格，一套是传统的哥伦布城市网格，另一套是大学的校园网格。"中心"的柱网以及铺地，最清楚地体现了它们的同时作用。埃森曼与众不同的、或者说获胜的因素，就在于他考虑和强化了这种同时作用的意义。城市网格在很大程度上成为"中心"空间的参考系，埃森曼通过一条红线强调了这个参考系的力量。红线暗含多种意义，它标志城市开发的勘测网，即城市网格的走向，同时恰好从地面上呼应进入哥伦布市的航线，从而体现了城市生活的原动力和活力。红线上的步行道与金属构架下另一条步行道的相交处，是"中心"的主入口，象征城市生活和校园生活的互相渗透以及"中心"的开放性。同时，埃森曼还表示

图 92　日本京都府立陶板名画庭园一侧

第七章 后现代建筑的意义

图 93　日本京都府立陶板名画庭园一角

建筑系列——国外后现代建筑

图 94　日本京都府立陶板名画庭园侧面

国家银行社团中心　美国
设计：西萨·佩里（Cesar Pelli）

西萨·佩里于1950年获得建筑学学士学位，1952年移居美国，1954年获得伊利诺斯大学建筑硕士学位。他的许多建筑设计总是着重强调建筑表面用玻璃以突出其光面特征，建筑中颜色和风格也呈现出多样化，有青铜色、棕色、蓝色、透明或不透明镜子的使用等。

了对校园网格的尊重。

与格雷夫斯等人一样，他也通过建筑处理来强调广场的轴向性和完整性。广场东端反映的斜面是"中心"电影教室因地下岩层抬出地面的屋顶，这个偶然因素被用来呼应广场西端的大图书馆，并通过几级凹进的台阶，体现椭圆长轴的重要性，其东面的一块三角地，通过树木的排列方向图解了两套网格的重叠，并引导出长轴和红线两个视觉走向，这片树林同时也缓和了长轴和高衔之间冲突的关系。校园网格为一种控制力量决定了"中心"西、北两面的外轮廓和植物台基的布局。

文化上的"先锋性"在后现代主义建筑设计思想、建筑文化和形象上均有展现。建筑不是一个孤立的形式，建筑创作后面的整体性文化意识是建筑创作的"土壤"，建筑作为一种文化"表征"形式，其水平高低取决于整体文化水平的高低。建筑中的后现代与文学中的后

第七章 后现代建筑的意义

图 95 国家银行社团中心顶部外观

建筑系列——国外后现代建筑

图 96　国家银行社团中心远景

第七章 后现代建筑的意义

图 97　国家银行社团中心内景局部

图 98 国家银行社团中心外观局部

第七章 后现代建筑的意义

现代有某种不同之处，较之文学，似乎建筑更显示出逻辑性与理性。比如密斯·凡·德·罗的巴塞罗那德国馆设计。在密斯的设计中，我们可见到相当清晰的逻辑理性，一种"古典"的逻各斯精神。

李伯斯金的建筑构造完全被他"人化"了：相对密斯的清晰逻辑，李伯斯金表现了当今先锋更丰富的复杂的美感，力求逃避现代主义建筑的冷漠无情。李伯斯金表达的是体验式的多重译码，即查尔斯·詹克斯说的"二元性"、"意识的清醒的精神分裂症"。

为了增加这种建筑的"动感"和丰富的也是抽象的表情，一反现代主义的板着面孔的冰冷的逻辑，哈迪德（Zaha Hadid）在她的探索中大胆应用各种方向的斜线，使其设计在每一次移动的体验中均可见到建筑的不同形象变化，以此来证明时间(空间)的意志力量的意义。这种意义就成了一种存在意义，这种存在的意义是体验与阅读中每一次努力的结果（见图99、图100、图101、图102）。

日本札幌餐厅
设计：扎哈·哈迪德(Zaha Hadid)

这是哈迪德事务所(Zaha Hadid with Bil Goodwin)设计的日本札幌餐厅模型，整个建筑包含着众多对立冲突的元素。鲜明的色调、多变的空间表达形式使室内充满了力度与动感，与其外表形成了强烈的对比。这样的解构主义风格，与以强调中心、有序、主从关联为特征的现代主义建筑理念相冲突。

底层的室内采用玻璃和金属材料，餐桌的形状犹如尖利的冰片在穿行，整体呈冷灰色调。楼层的室内，有一个熔炉，红色、黄色、橘黄色的火焰热烈交织。冷暖色调将室内的餐饮部分和闲坐部分分为了两个对立奇妙的世界——冰与火，凸现个性，充满动感的哈迪德风格。

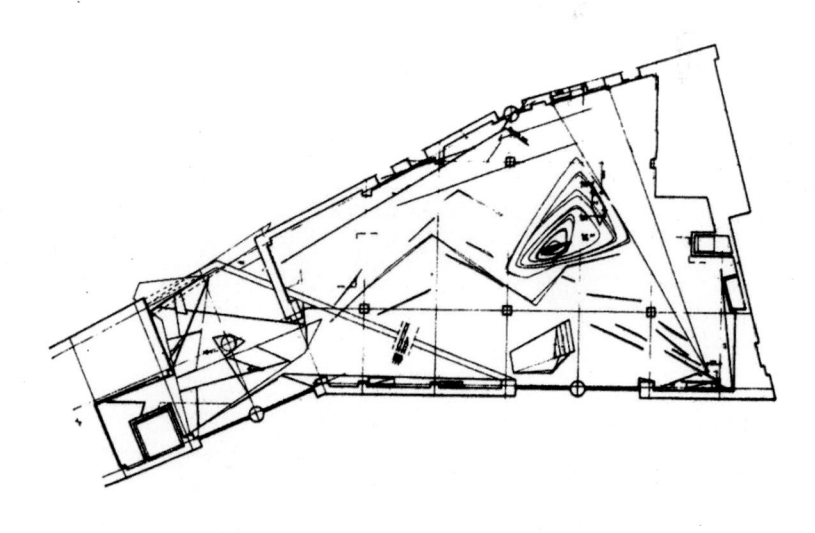

图 99　日本札幌餐厅模型

建筑系列——国外后现代建筑

图 100　日本札幌餐厅一角

第七章 后现代建筑的意义

图 93　日本京都府立陶板名画庭园一角

建筑系列——国外后现代建筑

图 94　日本京都府立陶板名画庭园侧面

国家银行社团中心　美国
设计：西萨·佩里(Cesar Pelli)

西萨·佩里于1950年获得建筑学学士学位，1952年移居美国，1954年获得伊利诺斯大学建筑硕士学位。他的许多建筑设计总是着重强调建筑表面用玻璃以突出其光面特征，建筑中颜色和风格也呈现出多样化，有青铜色、棕色、蓝色、透明或不透明镜子的使用等。

了对校园网格的尊重。

　　与格雷夫斯等人一样，他也通过建筑处理来强调广场的轴向性和完整性。广场东端反映的斜面是"中心"电影教室因地下岩层抬出地面的屋顶，这个偶然因素被用来呼应广场西端的大图书馆，并通过几级凹进的台阶，体现椭圆长轴的重要性，其东面的一块三角地，通过树木的排列方向图解了两套网格的重叠，并引导出长轴和红线两个视觉走向，这片树林同时也缓和了长轴和高衔之间冲突的关系。校园网格为一种控制力量决定了"中心"西、北两面的外轮廓和植物台基的布局。

　　文化上的"先锋性"在后现代主义建筑设计思想、建筑文化和形象上均有展现。建筑不是一个孤立的形式，建筑创作后面的整体性文化意识是建筑创作的"土壤"，建筑作为一种文化"表征"形式，其水平高低取决于整体文化水平的高低。建筑中的后现代与文学中的后

第七章 后现代建筑的意义

图 95 国家银行社团中心顶部外观

建筑系列——国外后现代建筑

图 96　国家银行社团中心远景

第七章 后现代建筑的意义

图 97 国家银行社团中心内景局部

建筑系列——国外后现代建筑

图 98　国家银行社团中心外观局部

第七章 后现代建筑的意义

现代有某种不同之处，较之文学，似乎建筑更显示出逻辑性与理性。比如密斯·凡·德·罗的巴塞罗那德国馆设计。在密斯的设计中，我们可见到相当清晰的逻辑理性，一种"古典"的逻各斯精神。

李伯斯金的建筑构造完全被他"人化"了：相对密斯的清晰逻辑，李伯斯金表现了当今先锋更丰富的复杂的美感，力求逃避现代主义建筑的冷漠无情。李伯斯金表达的是体验式的多重译码，即查尔斯·詹克斯说的"二元性"、"意识的清醒的精神分裂症"。

为了增加这种建筑的"动感"和丰富的也是抽象的表情，一反现代主义的板着面孔的冰冷的逻辑，哈迪德（Zaha Hadid）在她的探索中大胆应用各种方向的斜线，使其设计在每一次移动的体验中均可见到建筑的不同形象变化，以此来证明时间(空间)的意志力量的意义。这种意义就成了一种存在意义，这种存在的意义是体验与阅读中每一次努力的结果（见图99、图100、图101、图102）。

日本札幌餐厅
设计：扎哈·哈迪德(Zaha Hadid)

这是哈迪德事务所（Zaha Hadid with Bil Goodwin）设计的日本札幌餐厅模型，整个建筑包含着众多对立冲突的元素。鲜明的色调、多变的空间表达形式使室内充满了力度与动感，与其外表形成了强烈的对比。这样的解构主义风格，与以强调中心、有序、主从关联为特征的现代主义建筑理念相冲突。

底层的室内采用玻璃和金属材料，餐桌的形状犹如尖利的冰片在穿行，整体呈冷灰色调。楼层的室内,有一个熔炉、红色、黄色、橘黄色的火焰热烈交织。冷暖色调将室内的餐饮部分和闲坐部分分为了两个对立奇妙的世界——冰与火，凸现个性，充满动感的哈迪德风格。

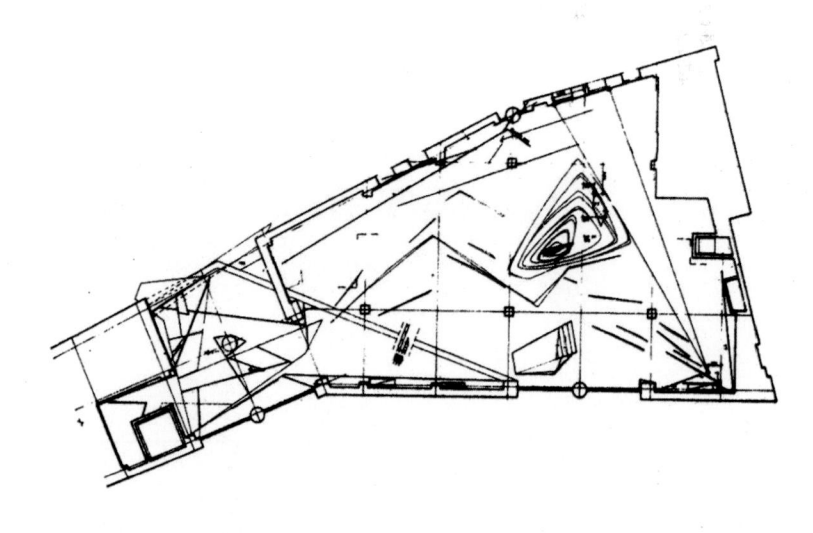

图 99 日本札幌餐厅模型

建筑系列——国外后现代建筑

图 100　日本札幌餐厅一角

第七章 后现代建筑的意义

图 101　日本札幌餐厅内景

建筑系列——国外后现代建筑

图 102　日本札幌餐厅内景

112

第八章

作为一种手法的艺术

建筑系列——国外后现代建筑

后现代建筑大师作品 "天幕"纽约当代艺术中心

第八章 作为一种手法的艺术

包豪斯学院把建筑的形式简化（抽象）到极端，创造了现代建筑形式。其空间上包含秩序、序列、比例、体量、节奏，在视觉上讲究材质感、色彩、造型等众多因素，这种高度抽象化的形式，事实上对建筑师的美感提出了更高要求。在分析现代主义建筑经典大师的作品时，我们发现这些大师都有相当高超的美感素养和文化素质。密斯可谓在建筑上最简练抽象的一个人。我们在分析他的《巴塞罗那博览会德国馆》时，会发现他在平面和立面上表现出的那种比例得体，在材质上卓越精到的形式，在美学风格上材质肌理感的统一精美以及新艺术的纯粹性，都可堪称现代主义的精品，体现他卓有见解的美学、文化素养和良好的形式感觉。而勒·柯布西耶就更是一位有着诗人和哲人气质的、集画家和建筑师于一身的大师（见图103、图104）。他把游历地中海文明的古典艺术圣地的感想写入他著名的《走向新建筑》一书中。他的草图、立体主义风格的绘画，以及其作品都体现了他良好的艺术修养和高超的形式美感。昌迪加尔市政府和朗香教堂那种材质、体量、造型，都达到了完美和谐。单就以朗香教堂为例，它的立面上的大小不同的窗洞就构成了一幅近于蒙德里安的抽象绘画作品，还有墙面的直线与顶部的曲线构成了一种对比又统一的造型，朗香教堂的体量、用光乃至每一个细部的处理都可称为是一个介于建筑和雕塑之间的佳作（见图105、图106）。而这些得体的、恰到好处的、体现了高超的艺术感觉力的深厚的文化内涵的作品正体现了建筑不只是功能，还有艺术与文学两种因素。

巴西新首都巴西利亚的总设计师奥斯卡·尼迈耶，就是个十分重想象、自觉向文学寻求沟通的人。从19世纪中叶的法国象征派鼻祖波德莱尔到20世纪的超现实主义、存在主义等，他都受到有益的美学启示。例如在波德莱尔那里他受到"出乎意料、打破常规、令人震惊，是美的一种必不可少的因素"的启迪，因此他的几乎遍布世界各地的那些建筑作品，有不少都是"石破天惊"之作。从存在主义美学家海德格尔那里他受到"理性是思想的敌人，因此也是想象力的敌人"的启发，视想象力为建筑的"首要因素"，认为"建筑艺术乃梦幻——遐想之结晶"；他为赛内加尔戈雷岛设计的非洲奴隶纪念碑就是"在野外散步时构思出来的"，是从他的"内心深处浮现出来的"。这一创作方法与超现实主义关于"梦"的主张相结合，使他有时在建筑设计中激发出梦的创造性奇想。他设计的阿尔及尔清真寺便是他的一个梦境的产物。就这样，艺术视野的跨疆越界，美学思想的广采博

图 103　马赛公寓侧面

第八章 作为一种手法的艺术

图 104 马赛公寓底部

马赛公寓　法国
设计：勒·柯布西耶(Le Corbusier)

"马赛公寓"是勒·柯布西耶著名的代表作之一。这座大型公寓式住宅是他理想的现代化城市中"居住单位"设想的第一次尝试。他理想的现代城就是中心区有巨大的摩天大楼，楼房之间有大片的绿地，现代化的整齐的道路网布置在不同标高的平面上，人们生活在"居住单位"中。他在马赛设计并于马赛市郊建成的这座17层的"居住单位"式公寓住宅大楼，可容纳337户约1600人居住。马赛公寓是第一个全部用预制混凝土外墙板覆面的大型建筑物，主体是现浇钢筋混凝土结构。由于现浇混凝土模板拆除后，表面不加任何处理，让人工操作的混凝土暴露在外，表现出了一种粗犷、原始、朴实和敦厚的艺术效果，后来它被戴上了"粗野主义"始祖的"桂冠"。

纳，创作心态的充分自由使尼迈耶成为世界第一流的建筑大家。这个城市的压轴之作，一座最引人注意的建筑奇观——巴西利亚国会大厦就是出自他之手（见图107）。这在某种程度上也应归于建筑与文学联姻的结果。在现代世界建筑中也许比尼迈耶更有影响的柯布西耶，也是一个"既有高度的文化素养，又满怀新思想"的建筑大师，他那百科全书式的建筑设计和草图，如果没有各种艺术语汇（包括文学的）的共同作用是不可想象的；那外表极度抽象、内里却蕴涵着极丰富的宗教寓意的朗香教堂，如果没有文学功底的参与也是不可思议的。

后现代建筑的文学性体现在空间中暗示的人的存在。相对于小说、诗歌、绘画的象征性空间而言，建筑的文学性空间是一个实体。这个实体如同一个舞台——"场所"。由于身体和文化的记忆，人在这个时间场所中赋予建筑意义——这就是人对建筑的体验和阅读。正如诗一样，建筑师是通过"标记"、"提喻"给读者提供了一个阅读和联想的范围。这个时间过程成为"在世性"、"过程性"和"时间性"的体验。"标记"导引身体和记忆进入一个意义的空间。比如柯

建筑系列——国外后现代建筑

朗香教堂
设计：勒·柯布西耶
(Le Corbusier)

朗香教堂，又译为洪尚教堂，位于法国东部索恩地区距瑞士边界几英里的浮日山区，坐落于一座小山顶上，1955年落成。朗香教堂的设计对现代建筑的发展产生了重要影响，被誉为20世纪最具有表现力的建筑。在朗香教堂的设计中，柯布西耶把重点放在建筑造型上和建筑形体给人的感受上。他摒弃了传统教堂的模式和现代建筑的一般手法，把它当做一件混凝土雕塑作品加以塑造。

图 105　朗香教堂一角

图 106　朗香教堂全景

第八章 作为一种手法的艺术

图 107 巴西利亚国会大厦全景

巴西利亚国会大厦
设计：奥斯卡·尼迈耶
（Oscar Niemeyer）

位于巴西利亚的国会大厦。国会大厦的两座楼并立，中间有过道相连，成"H"形。"H"是葡萄牙文"人类"的第一个字母，因此这个造型寓意"以人为本"和"人类主宰世界"。国会大厦前的平台上有两只硕大的"碗"，一只碗口朝上，是联邦众议院的会议厅，因为众议院开会时向公众开放；一只碗口朝下，是参议院的会议厅。

布西耶在《走向新建筑》中写道：

动线是人的存在的最初体现，人类每一活动的中介建筑就是基本动线。（转引自G.勃罗德彭特《建筑设计与人文科学》）

在建筑的体验或阅读中，主体带着双重译码对建筑进行"解读"，这个双重译码一个是主体自带的"文化记忆"，另一个是建筑师通过标记、象征、隐喻给出的。两种"译码"都不同程度地被意识和无意识赋予了意义。比如墙、光、尺度、材质、色彩、门窗、柱、梁、台阶……这些符号或标志，建筑上也称为"词汇"，都在人类文化史的漫长岁月中被不断地积淀了深刻而复杂的多重的意义（见图108、图109、图110、图111）。

而他在评价贝聿铭、乌·弗兰丞（Uirich Franzen）、菲利普·约翰逊时，认为他们都有一种"飘忽无常的特征"、震撼人心的形式和精

119

建筑系列——国外后现代建筑

G+J出版公司总部　德国，汉堡
设计：奥托·施泰德勒
(Otto Steidle)

　　奥托·施泰德勒是德国著名建筑大师，也是欧洲十大建筑师之一。他设计的居住建筑在德国甚至在欧洲都非常有名，被人们称为"有生命力的建筑"。他通过系统设计和空间设计的手法，使他的建筑作品具有鲜明、独特的风格特点。北京·印象住宅小区、G+J出版公司总部(德国·汉堡)、德国乌尔姆大学校园区都是他的作品。

炼有力的想象。我们知道文学中常用隐喻，隐喻事实上是一种形象化的语言形式(特伦斯·霍克斯著：《论隐喻》，高丙中译)，即一种描绘性的、联想的一个图画，比如诗中常用的形式，是一种具象的、视觉的。后现代建筑也常常通过形象来暗示一个场所，在这里得以实现的东西正是与建筑物关联着的含意。不同的样式、形象产生不同的隐喻，不同的接受体也会感受不同的隐喻。事实上，隐喻是双向的。在这种意义上，后现代建筑与诗近似。后现代主义建筑常用象征、标记来完成一种暧昧的隐喻，这与博尔赫斯的小说手法如出一辙。不透明、暧昧、模糊……这是后现代主义共同的爱好，即多义性。

　　建筑师通过"词汇"来达到隐喻的多义性目的。埃森曼和格雷夫斯在句法上使用的"偏离"和"差异"，正是实验诗歌写作的句法，出于一种近似的认识方法——解构主义，他们共同通过"偏离"和

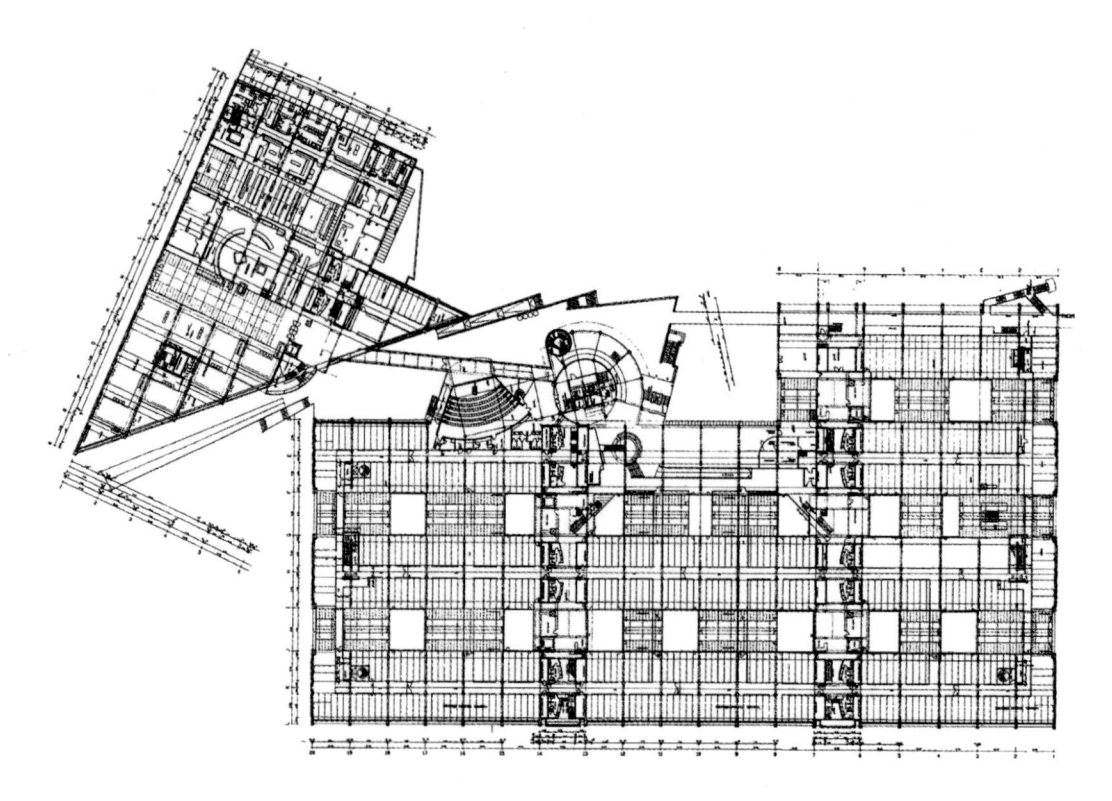

图 108　G+J出版公司总部平面图

第八章 作为一种手法的艺术

图 109　G+J出版公司总部中庭内景

图 110　G+J出版公司总部楼梯

第八章 作为一种手法的艺术

图 111 G+J出版公司总部走廊

123

"差异"来求得更复杂而尖锐的思想和意义。詹克斯把这种建筑称做"立体派句法的诗歌式歪曲"。

这种方法的目的是反逻辑的,反"能指——所指"系统的,是为了寻求一种"创造性"意义,把逻辑与直线的时间视为充满激情的"时间"。这种时间可以让人迷失在建筑之中,这是埃舍尔、博尔赫斯,甚至"超现实主义"所追求的一种幻想、象征性的空间。这种方法的结果是构成了建筑的叙事性特征,因为有了戏剧性的时间后,"情节"就产生了,而在情节中则包含着移动身体——这就是体验建筑。另外,从某种意义上说,语义也是造型特征给定的。陶立克的特征是男性的,因为坚实有力。事实上这仍是隐喻在起作用。语义是一种理解,而理解总是历史的,因为一个人是生活在历史即文化记忆之中的。意义在双重译码中,在读者与作品双向运动中产生。前者是"文化记忆"的、心理的;后者则是标记的、符号的、造型的,二者共同构成了语义(参阅文丘理和洛奇的弗兰克林院,这个作品最典型用了"标记"、"符号")。我们在诗歌部分说到的"提喻"——那个框架就是提喻,它作为标记,把我们导入地域、回忆、历史、人情与故事。使用这种"提喻"的建筑师很多,前川国男、丹下健三、菊竹清川、黑川纪章把外伸梁头、斗拱、神社门与柯布西耶的水泥和现代句法混合于语义学方法。比如文丘理和肖特的护士和牙医总部(1960)的园拱门;安德鲁·德比夏的黑林顿市政中心的红砖清水墙和圆拱,达邦尼和达克的皮姆黑克居住区的红砖清水墙。在这方面还有博塔、格雷夫斯、查尔斯、莫尔、斯特尔。同样,后现代这种历史与乡土风格在日本的后现代作品中也可见到(见图112、图113、图114、图115、图116、图117)。

称建筑与诗作为一种手法的艺术主要是从具体技巧角度来讨论它们的共同性。也就是说建筑与诗在具体的"构词法"上有着一种相似性。古典的或传统的诗与建筑,都共同有一个"中心",一种"集中式"的模式化倾向。所有的语汇都统一于强有力的逻辑规律,表现出序列的"整一性"。每一个词汇都屈从于一种逻辑传统,都指向一个理性的体制文化的主题。换句话说,每一个词汇都是一个逻辑思考的结果,都是体制文化的"所指"所给定的。在建筑上表现为一切语汇都围绕逻辑句法的功能展开、连接、排列组合。词是为一种"形而上的"结构而存在的。

而后现代主义建筑与文学则用"解构的"方式拆解这种"形而上

第八章 作为一种手法的艺术

大阪府立飞鸟历史博物馆
设计：安藤忠雄

　　该馆位于大阪一处古墓众多的山林中。为了尽量减少对已有环境构成的干扰，博物馆大部分形体像埋于地下，而且使得参观者能真切地感受到古代时期的风俗和祭祀观念。安藤忠雄采用抽象简洁的大台阶与景观塔为参观者提供观赏四周环境全景的场所。两者作为室外空间制高点形成对比，具有强烈的纪念性。

的"逻辑，解放词汇（能指）自身，词汇可以游离出它原有的位置。解构以此作为方法来破坏传统建筑（包括现代主义建筑）的整一性、逻辑性、功能性。解构的结果是词汇的能指特性被凸现出来，词汇变成了一个个独立的能指（符号），它已不完全隶属于它的逻辑结构（即所指、意义等）。所谓"解构"的建筑方法是：（1）分裂、错位、旋转、偏离、重叠等；（2）无中心化、零散化、弥散状态。上述方法是一种倾向性的，互相包含、互相依赖的。通过这些方法，构成了一种"陌生化"的效果。语义、词义在新的构成关系中出现了各种不同的新奇组合，还可见本书埃森曼、李伯斯金、哈迪德的作品（见图118、图119）。

　　在密斯的建筑中，建筑是一个整一的、封闭的、集中的、自律的方盒子，简洁明快。而在彼得·埃森曼、屈米、盖里、海达克、李伯

图112　大阪府立飞鸟历史博物馆外观

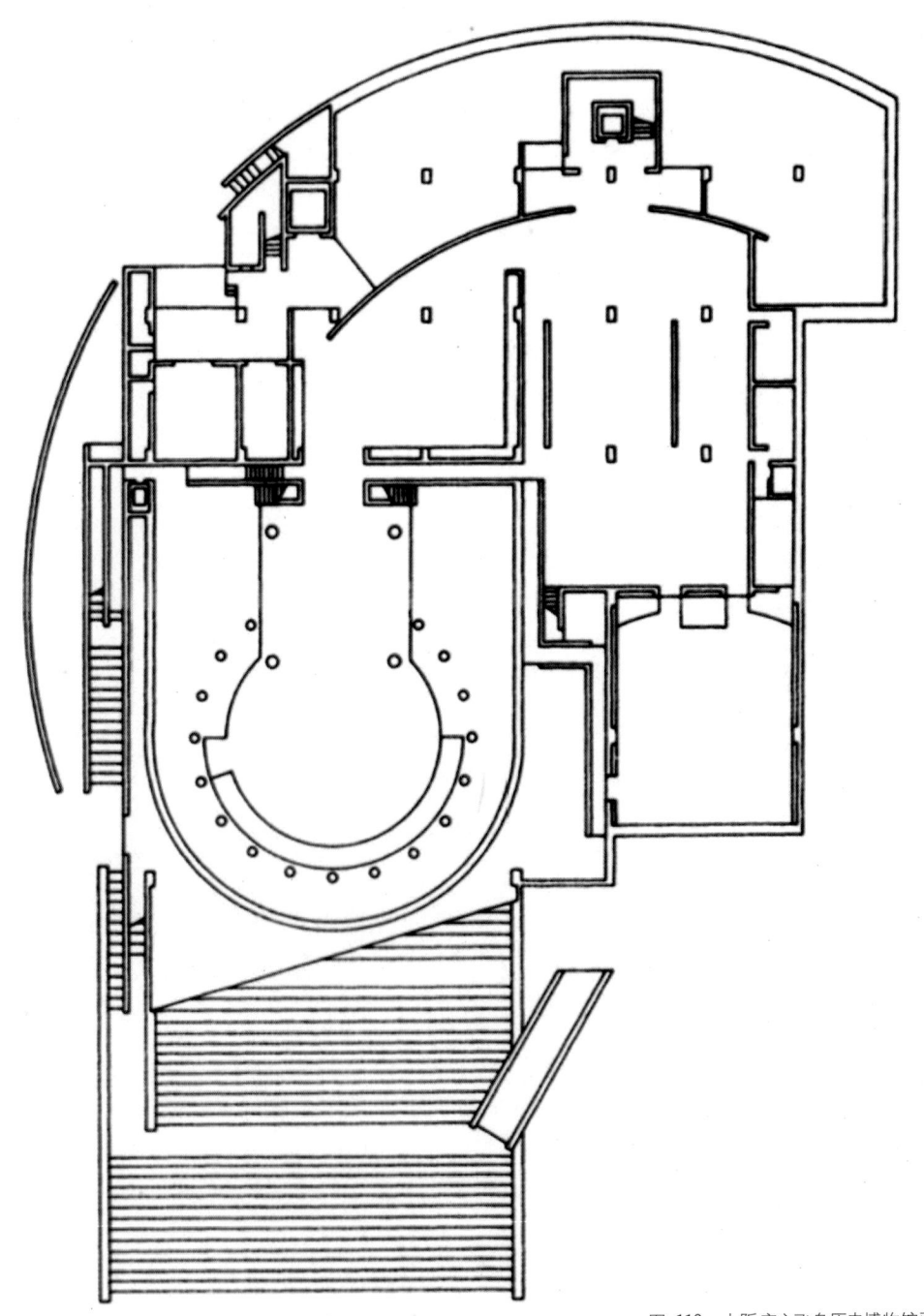

图 113　大阪府立飞鸟历史博物馆平面图A

第八章 作为一种手法的艺术

图 114　大阪府立飞鸟历史博物馆平面图B

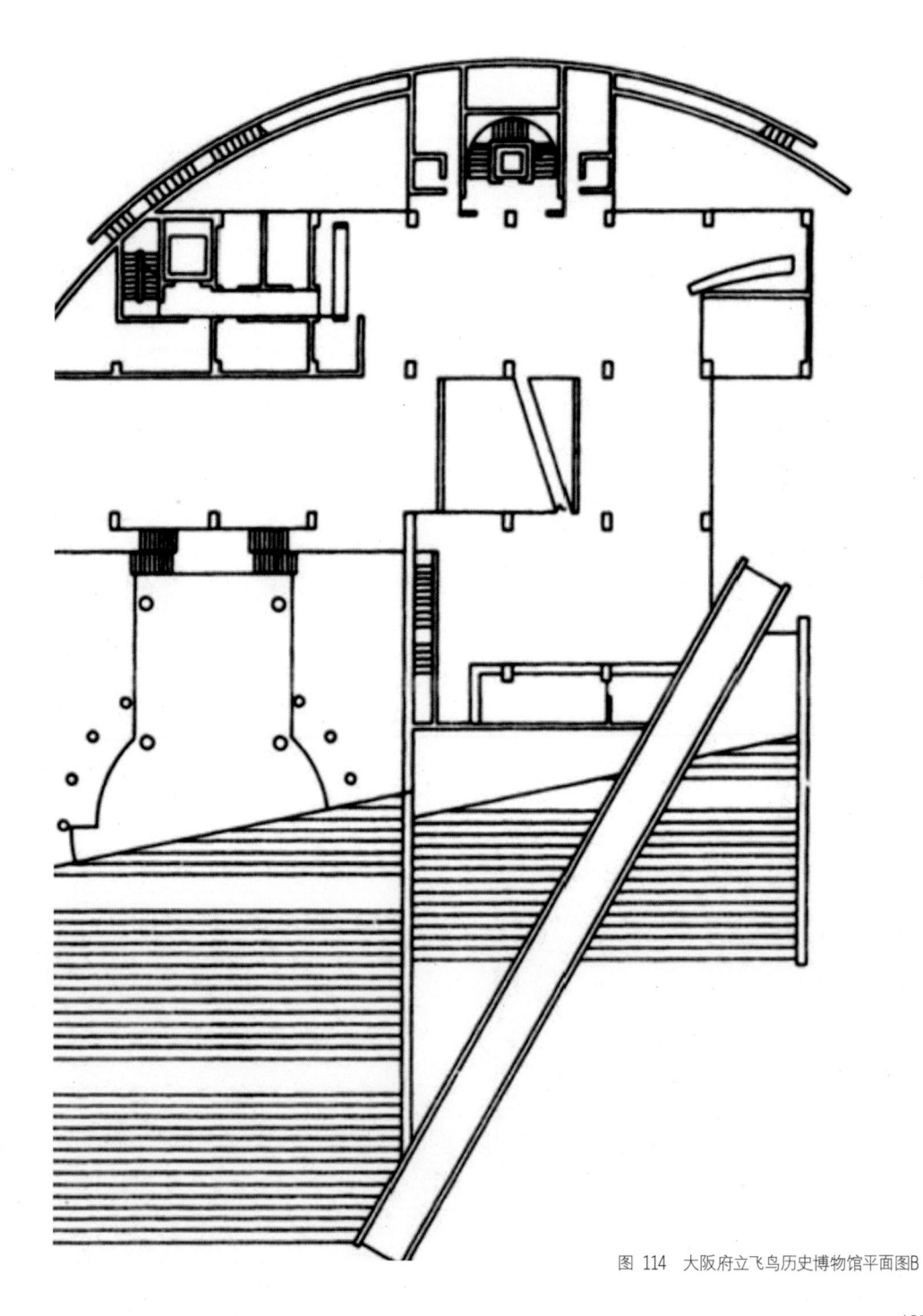

建筑系列——国外后现代建筑

图 115　佐贺县立宇宙科学馆外景

佐贺县立宇宙科学馆
设计：佐藤综合设计（AXS）

　　佐藤综合设计是日本著名的组织型设计事务所。它有独特的设计理念，尤其在公共建筑方面成就较大。其设计的佐贺县立宇宙科学馆、佐藤综合设计总部大厦等都是非常有特色的作品。

　　佐贺县立宇宙科学馆由佐藤综合设计事务所设计，它是一座能与周围自然环境进行有张力对话的参与体验型综合科学馆。其宇宙展示部分的设计定位在"太空船"上，金属饰面的建筑体量按加法构成的模式组合，从绿色的大地上浮现出来，通过与自然的对峙，创造出特异的趣味。

斯金、哈迪德等人的"解构"建筑中，密斯的风格被完全"崩溃"掉了，建筑表现为一堆破碎的、不完整的、零散的形象。"崩溃"的方式是通过一种分裂、错位、旋转、非中心化……的句法法则。这种建筑的"镜像"在法兰克福家具博物馆、东京国立歌剧院、萨拉热窝议会大厦墙面、筑波中心等建筑上均可见到。这种句法在先锋实验诗写作中也是经常被采用的，在诗歌词法上，采用主词与修饰词之间的断裂或偏离，段与段之间的分裂，词语搭配的错位造成一种新奇的"陌生"或阅读的中断，以此来破坏传统诗歌构词上的整一性和逻辑性；诗在逻辑上和句法上完全是一堆碎片一样的句子。一座解构式建筑，意象如精神分裂症患者，互相错乱拼贴。这种"新奇的"词汇堆砌虚化了传统文化，也虚化了自己。偶然的"瞬间"意象除了给我们"新奇"外，什么也没有。一个异化了的形象，立体派式的拼贴。比如这一段完全无任何逻辑关联的断裂：画匠、雪橇、房客、财产、午夜、

第八章 作为一种手法的艺术

图 116 佐贺县立宇宙科学馆内景局部

图 117 佐贺县立宇宙科学馆外景

建筑系列——国外后现代建筑

图 118　伦敦2012年奥运会水上中心模型

图 119　伦敦2012年奥运会水上中心模型

130

第八章 作为一种手法的艺术

墙壁、突破,这种偶然的超现实主义的拼贴的虚无把传统文化破坏到了"零"的程度,一切都归于无,展示给我们的是具体的物的碎片。这种意象与李伯斯金的《城市的边缘》,弗兰克·盖里的《法兰克福家具博物馆》,以及屈米的《拉维莱特公园》所展示的都非常近似,因为这些"象"出于同一美学原则的构词法(见图120、图121、图122)。

传统的法则是:ABCDEFGHI……或ABC-ABC-ABC,而解构的法则是:ACEBADHHAG……甚至是:E A AADDACC。后现代建筑这种"解构"以错乱的句法拼贴展示了非理性的丰富形象,与逻辑理性的现代建筑的直线形成对比,以此形成一种风格。这种"偶然"的拼贴很难阐释出其中的意义,如果一定要说出这种创作行为的意义,只能说这种诗表达了作者彻底的反文化精神和尝试词语拼贴的乐趣。建筑与诗

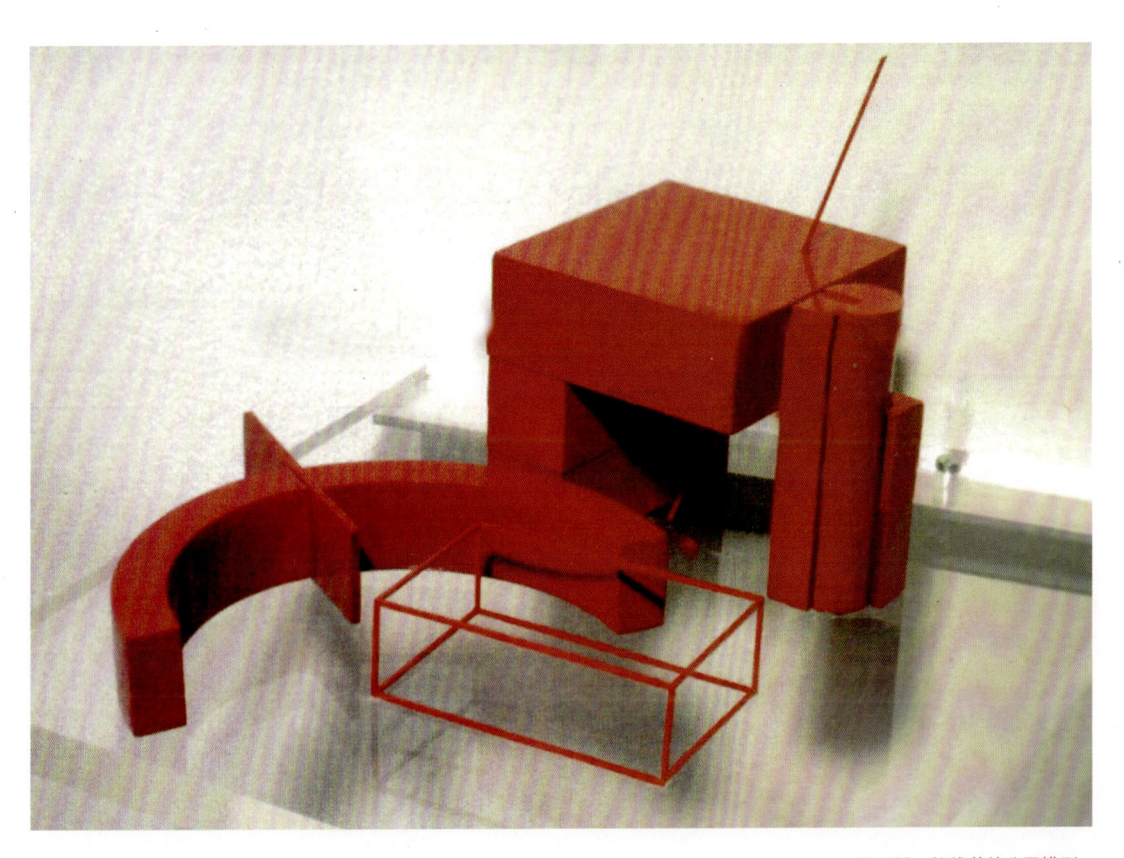

图 120 拉维莱特公园模型

建筑系列——国外后现代建筑

拉维莱特公园
设计：伯纳德·屈米
(Bernard Tschumi)

该公园位于巴黎东北部，曾经是大型牲口市场的基地，被乌尔克运河一分为二。运河东端南岸是一座大型流行音乐厅，北半部是具有大型高技派建筑风格的科学工业城，馆前是一巨大的不锈钢球幕电影院。

公园在结构上由点、线、面三个互相关联的要素体系相互叠加而成。"点"由120m的网线交点组成，在网格上共安排了40个鲜红色的、具有明显构成主义风格的小构筑物。这些构筑物以10m边长的立方体作为基本形体加以变化，有些是有功能的，如茶室、临时托儿所、询问处等，另一些是附属建筑物或庭院，还有一些没有功能；"线"由空中步道、林荫大道、弯曲小径等组成；"面"是指地面上大片的铺地、大型建筑、大片草坪与水体等。

的解构手法在这里遵循某种程度的同一美学原则。作为具体空间形象的塑造，建筑通过这种方法破坏了现代主义单调的直线，丰富了建筑空间，但以此拼贴出一堆"意象"的碎片却不能给人任何意义。

在后现代建筑创作中，另一种"适度"的解构则产生一种较好的效果，既保留了有一定联系的意象，又产生了一种新奇的陌生感。这种解构更接近解构建筑。解构建筑虽然用各种碎片拼贴，但大致的框架力学原则还是保留了的，即它仍然部分地保留了逻辑。偏离，仍可见到一种"逻辑"，即在乱中见到一种统一性。"乱"在这里是一种"适度的手法"。尤其是埃森曼的手法的"适度性"非常明显，只是将密斯的方格"偏"、"错位"、"旋转"而已。

埃森曼、盖里、李伯斯金和屈米不过是上述手法的不同程度的运用而已，在上述手法中，我们仍可见到密斯的影子，也就是说这种手法是适度的、有限制的。表现了用的有限制和适度性。以一种适度的偏差，达到了陌生化效果，同时又让人能够理解，而且这种偏离还扩大了阐释空间。如埃森曼的手法，既进行了一定程度的偏离，又让人能感受到"密斯"（逻辑）的影子，阐释仍然可建立在某种意义层面之上。当然，偏离使阐释空间扩大，也使传统诗中能指——

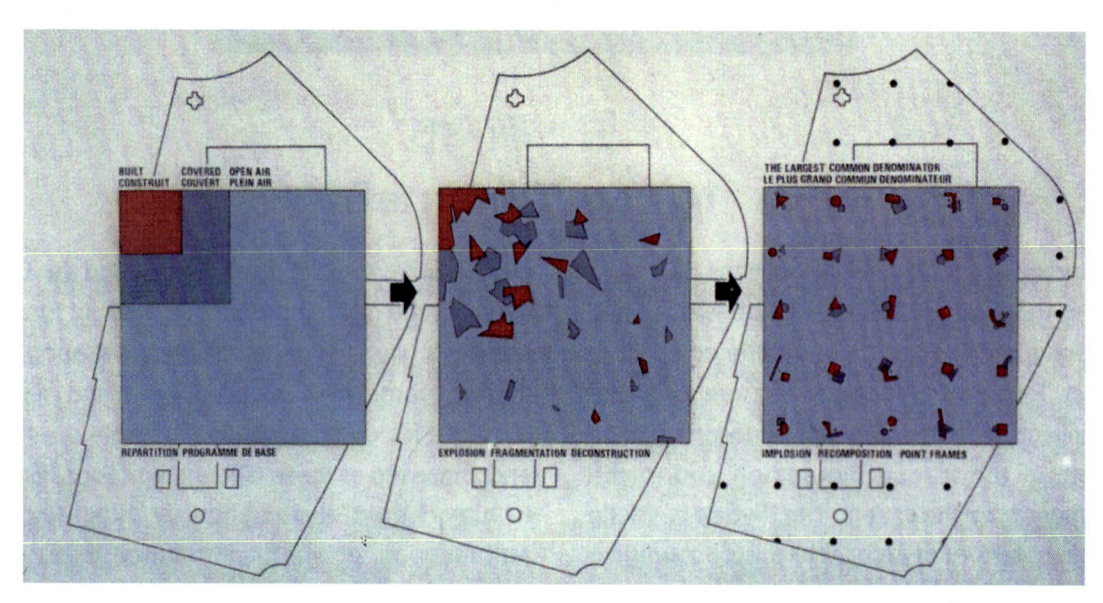

图 121　拉维莱特公园平面图

第八章 作为一种手法的艺术

图 122 拉维莱特公园分解图轴测投影

所指固定的狭窄空间被破坏。通过这种手法，后现代建筑丰富了建筑空间的意义。

西方现代建筑大师柯布西耶认为"建筑师通过他对形体的安排，表现了一种式样，这象征着他个人精神的纯创作。通过这些形体，他使我们获得深刻的感受，并激发了我们雕塑性的美感"。这里我们可以见到西方建筑师是如何关注"形体"的"式样"，认为这是个人的精神创作。这些形体如同"雕塑"一样。也就是说，西方建筑师把建筑看做是个人创作，如同雕塑家的个人创作，通过形体的式样"塑造形体"。柯布西耶说："建筑是一个有雕塑感的东西，在它的领域里，应该运用那些可以影响我们感性的因素，来满足我们视觉的欲望，而且应该使这些因素得到这样的安排以使它们的形象能直接地触动我们，让我们清楚地感到它们的精致或粗犷、动荡或恬静、淡漠或富于兴趣。这些因素是造型的因素，是眼睛可以清楚地察觉到的形象，是人们可以衡量的形象，是运用知识来实现的一种概念。这些形象不论是原始的或精妙的、温顺的或粗犷的，都从生理上对我们的感觉起着一定的作用（球体、立方体、圆柱体、横向、斜向等），并引起某种刺激。由于这种刺激，我们原始的感性认识就会产生一种飞跃，作用到、联系到我们的理性认识，把我们纳入了一种满足的境界中（同主宰我们一切行动的宇宙定律发生共鸣）。这样，人就可以完全运用他的回忆、观察、理解和创造的天赋才能。"

第九章

作为叙事的后现代建筑

建筑系列——国外后现代建筑

后现代建筑大师作品　风形

第九章 作为叙事的后现代建筑

我们知道，后现代建筑空间充满了"人"的气息，成为人的"自我"的"对象化"。这个"自我"既是纯精神的（情感的、文化记忆的），又是身体的（包括感觉、触觉、身体体验）。从这种意义上说，建筑变成了一个可以不断被阐释、阅读的"文本"，是人类精神（情感与自我）生存祈望的"图腾"，是"自我"存在的依赖与证明。所以，我们说建筑是"人性的容器"。海德格尔在《存在与时间》中就已强调过人的空间的存在性，他说："就像说'上面'是'天花板'，'下面'是'地板'，'后面'是'门口'一样，所有的'某处'都是用来说明日常行走、工作时所发现或环视的情况的，而不是被观察空间所测定而确认的记录。"于是他得出结论："诸空间是从场所来领会其存在的，而不是从所谓'空间'来领会的。"海德格尔从这一论点出发，展开了对"居住"理念的探讨，他说："在住处存在着人与场所的联系"、"能居住才能开始营建"、"居住是存在的根本特性"。

关于西方建筑艺术表现出的这种"人性"特质，法国作家雨果的小说《巴黎圣母院》是一个最好的例证。如果我们把建筑看做是一种"叙事"、一种"阅读"的话，那么，我们可以这样认为，西方建筑是一种"人性的空间"（舒尔茨称做"存在空间"），中国建筑则可称做"自然空间"。这两种空间都是针对"作者"和"读者"而言的。从人的知觉、情感和人的自我幻想世界的角度来看建筑是西方建筑论述的特点，空间经常被无意识地转移到人这个主体作为体验者的情绪之中。为此舒尔茨写道："空间形象转移到情绪领域的过程，由空间概念来表现。它表明了人与环境的关系，精神上表现了人类对峙的现实。人们面前的世界，因空间概念而改变。如果空间概念起作用，则首先由该空间概念强制地、形式地描绘自己的位置。"

这事实上是对加入了主体情感的视觉过程的叙述。所谓"空间"作为理论并不一定诉诸一个外在的客观世界，而经常只是作为文本、一次叙述而存在。但就建筑形态而言，西方理论一直是从三次元的立体几何学角度看建筑的。二次元或三次元图式是认知建筑的途径。1938年，美术史家汉斯·扬采（H.Jantzen）已批判了那种把空间作为纯量而进行的研究，他说："艺术品中所表现的空间，作为文章体裁而加以推敲的形式主义空间分析，必须用包含在艺术品内的意义尺度来理解的观点，对所表现的空间加以补充。"

从建筑本体角度而言，建筑空间是用形式来框定的，建筑的意义

建筑系列——国外后现代建筑

多克兰轻轨站　英国，伦敦
设计：西萨·佩里(Cesar Pelli)

西萨·佩里与著名建筑师艾罗·萨里南一起工作多年，并深受其建筑思想影响。他的设计特点是在设计过程中避免模式化和先入为主的思维方式，坚信建筑的美学效果必定随每一项目的具体位置，用途和结构技术等特色而变化。在他的设计作品中还使用一些简单的几何图形，有三角形、正方形、圆形和一些基本的立方体、棱锥、棱柱等，依据比例进行合理设计。

是不真实的。但从人与建筑的角度来讨论，建筑空间是心理的，而且经常被不同感觉的人歪曲、夸张、变形。从这种意义上说，建筑理论的价值与意义可以被怀疑。建筑空间只有被"体验"才存在，从而导致了这么一种有"物质"意义的艺术变得虚无。所谓"体验"即行为，身体、时间、仪式化、过程作为人可以知觉的符号，凭"文化的记忆"去理解的——空间，这种导向"阐释"的活动，的确有导向虚无的可能（见图123、图124）。

作为结论来说，近来关于同建筑相关的空间概念的各项研究，恐怕是跑到讨论抽象的几何学以及讨论人的方面去了，也许讨论人还没有"出圈"，那么今天正是把空间或建筑还原于印象、感情或"诸

图 123　多克兰轻轨站局部

第九章 作为叙事的后现代建筑

图 124 多克兰轻轨站顶部

效果"的研究。在这二者的讨论中,全都把存在次元作为人与人的环境关系的空间忘到一边去了。许多人对建筑的空间问题已感到厌烦,他们宁愿谈"结构""体系"或"环境",这也并非是不可理解的。但是,持此态度者所得甚少。结构或环境,尤其是这些空间的状态与建筑师密切相关,因此迟早必须面向空间问题。最完善的建筑空间论,与其作为思考或知觉单元,不如作为人的存在次元更能真正地理解空间。

这种叙述和文学意义上的空间用来解读建筑是颇有意思的。敏感的天才作家们的确通过他们丰富的内心"图式"在感受着作为空间的建筑形式,叙述着建筑师们难以言表的"家"。舒尔茨就引用了英国作家托马斯·哈代在小说《德伯家的苔丝》中的一段文字来表达他对"存在空间"的感受:

"在她看来,布蕾谷就是全世界,谷里的居民就是世界上所有的人类。从前,在她还觉得事事神奇的孩童时期里,就已经从马勒村的大栅栏门和篱边台阶上把那一大片山谷,一眼望到头了;她那时看来觉得是神秘的,她现在也并不觉得神秘性减少了多少。她从她的内室的窗户里天天看见那些村庄、楼阁和依稀模糊的白色邸第;那个威严地高踞山上的市镇沙氏屯,特别惹她注意;镇里的窗户,都在西下的太阳光里,亮得像灯一样。但是那个地方她还没到过。就是布蕾谷本地和布蕾谷邻近,经过她仔细观察而熟悉的,也只有一个小部分。远在谷外的地方,她到过的更少了。四周环绕着的那些山的外形,她一个一个都很熟悉,仿佛亲友的面目一样;至于山外的情形,那她的判断就完全根据村立小学里的说法了,……这是苔丝的世界,也是她的神秘的'迷宫'。"

所谓"迷宫"就是人可以进入的建筑,一切建筑对人生而言都是一个大迷宫。卡夫卡、乔伊斯和博尔赫斯这些文学家所感受和描述的世界如同迷宫。博尔赫斯的迷宫是"一幢满是窗子但没有一扇门的圆形建筑"([美]埃米尔·罗德里格斯,莫内加尔著《生活在迷宫——博尔赫斯传》,知识出版社),博尔赫斯也把他的迷宫中的游戏比为国际象棋。从某种意义上说,可把建筑看成只是建筑内部的"语言"史。建筑设计一旦进入这种"语言",建筑师的设计思维就进入了"建筑史",正如画家经常不自觉地陷入艺术史的思维中去,建筑师也是如此。他们从画第一张构思图就把自己的"形象"思维纳入了建筑史内部。他们不自觉地将建筑看成一个不受外界条件制约的封闭的

第九章 作为叙事的后现代建筑

法国国家图书馆　法国,巴黎
设计:多米尼克·伯诺
(Dominigue Perrault)

法国国家图书馆是法国最大的图书馆,也是世界上少有的大型图书馆,该馆于1996年12月20日正式开馆,被命名为密特朗图书馆。以纪念法国前总统密特朗先生。

多米尼克·伯诺在设计上明显地偏好玻璃,不但一些阅览室屋顶和中央大厅屋顶很多采用玻璃天窗,而且图书馆外墙也更多地用玻璃墙体,共有四座玻璃塔楼。设计用此种材料实现内外环境空间的连接,表达了图书馆开放性的意愿,同时满足了节能,更多采用自然照明的生态要求。玻璃又能让外界看到内部温暖的景象,增加了行人进馆学习阅读的兴趣。

符号体系。建筑的意义经常取决于自身的结构。从这种意义上说,建筑事实上成为一个有"语境"的文本(text),文本永远处在建筑史的"语境"之中,这当然是就西方建筑史作为一套话语体系而言的,是一个封闭的"语言体系"。正如罗兰·巴尔特认为,文本研究的不是语句,不是意义(signification),而是表述,是意义生产过程(significance)。把这种"原理"拿来作为阅读建筑的方法,就是研究建筑是如何进行"表述",并如何"生产"意义的,即建筑如何通过其"语汇"进行表述的。建筑的"语汇"是什么？柱式、梁、门、窗、线角和梯步,等等(见图125、图126、图127、图128)。建筑师在"结构"这些语汇时如何使其具有意义,如何让我们从这些建筑师的"结构"中感受到意义？这个意义是建立在建筑史上的,如古希腊柱式传达给我们的意义。于是设计与体验成为一种个人经验的语言与作为建筑史的"语言"(一套由历史文化积淀的意义系统)共同在矛盾中产生意义。言语是建筑师个人的实验,而读者则是在建筑史给的语言系统中交换着信息,意义由此产生。"结构"既是客观

图 125　法国国家图书馆全景

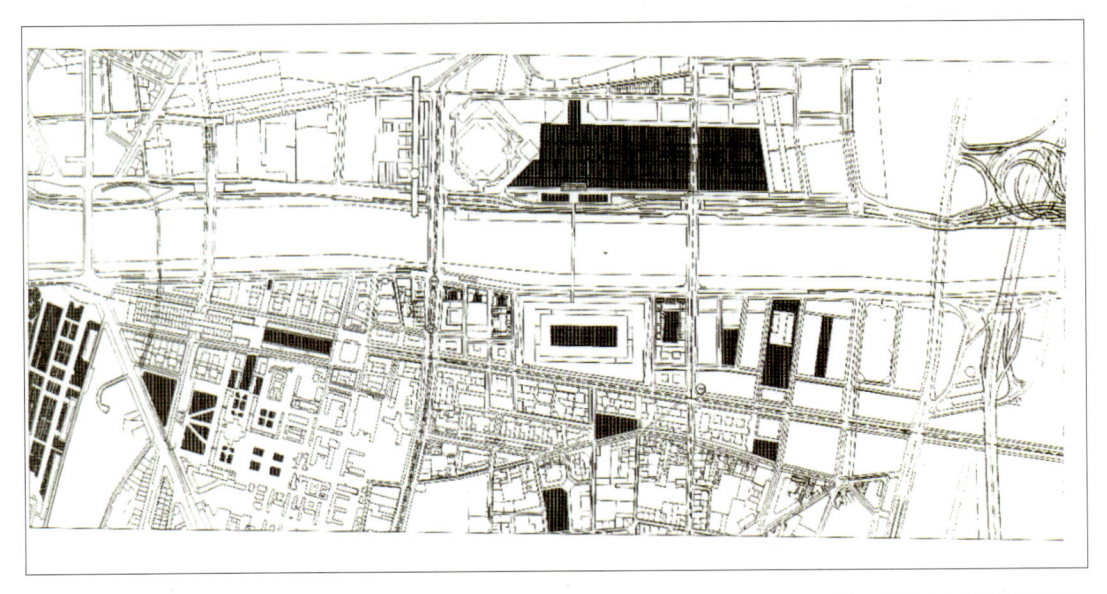

图 126　法国国家图书馆总平面图

图 127　法国国家图书馆内景局部

第九章 作为叙事的后现代建筑

图 128 法国国家图书馆内景

143

的，又存在于每个人心中。而每个人作为哲学意义上的主体又是多重的，变幻不定的，具有无时无刻不在"当下"的状态，并存在于经验的历史即观念的文化的"语言"系统中。在此种意义上，建筑已经作为一种"叙事"而存在，建筑已成为一种"文本"。值得注意的是，建筑作为文本其意义的生产在不断进行，文本在不断地被新的主体"阅读"，在不断地创作着新的意义。文本是一个永远变化着的"主体空间"。

在西方建筑史中，象征是个体本能的无意识展现，建筑与文化的关系是一种"互动关系"，互相制约影响塑造。比如，西方的方形、球体、锥形、圆柱等各种几何元素的构型，这些"母题"则几乎贯穿了西方建筑史，而体现在建筑上则是平立面上的根本不同的宇宙观和人性理解。建筑文化的不同导致了型制形式的区别。如果我们把建筑的"语汇拆开来看就可见到其语汇元素和叙述句法的差异"。因为我们知道所谓象征（symbol）使建筑构体有了符号特征，这些构体各自有一种与历史或社会文化有关的含义。含义是历史赋予的。比如文丘里的半圆形和框架。当我们考察西方建筑时，我们发现其构型上的造型空间的几何化非常明显。西方建筑师在设计时有意无意地进入了他们传统的"几何空间"（即语言）是由文化原型决定的。结构空间——"创造单元"不管其地理环境如何，柯布西耶总要有意无意地把他的几何母体安置上去；在面对柯布西耶的几何形时，我们的视线集中在其形体的三度与四度空间上、光与影上，然后渐次进入其细部——窗、梯、门及建筑的细部光影与塑性极强的材质上，我们忘掉了一切外部因素，由外向内深入。西方传统建筑有一种集中的空间感受，而后现代建筑则是"散"的，建筑不是视线的唯一中心点。就西方传统建筑而言，所谓"型"的集中一直在叙述活动中，而后现代建筑则并未有一个集中的型。西方传统建筑强调中心，轴线放射状系统，而后现代建筑则是散点式的、缺少中心的。最典型的作品是屈米、盖里、李伯斯金、哈迪德等的作品（见图129、图130、图131、图132、图133）。总而言之，西方传统建筑给人感觉是一座座独立的"实体"雕塑；而后现代建筑则是一组或一群"空"的互相穿透的"轻飘"的、欲腾飞的"空壳"。西方传统建筑间依靠柱廊或明确的直线道路互相联系，而后现代建筑则是在空间上互相连续（借景），正如前面所说，后现代建筑的空间指向不是集中或向上的，而是平行的或分散的（借景）。西方传统建筑是一个理想的、精神的或哲学的

第九章 作为叙事的后现代建筑

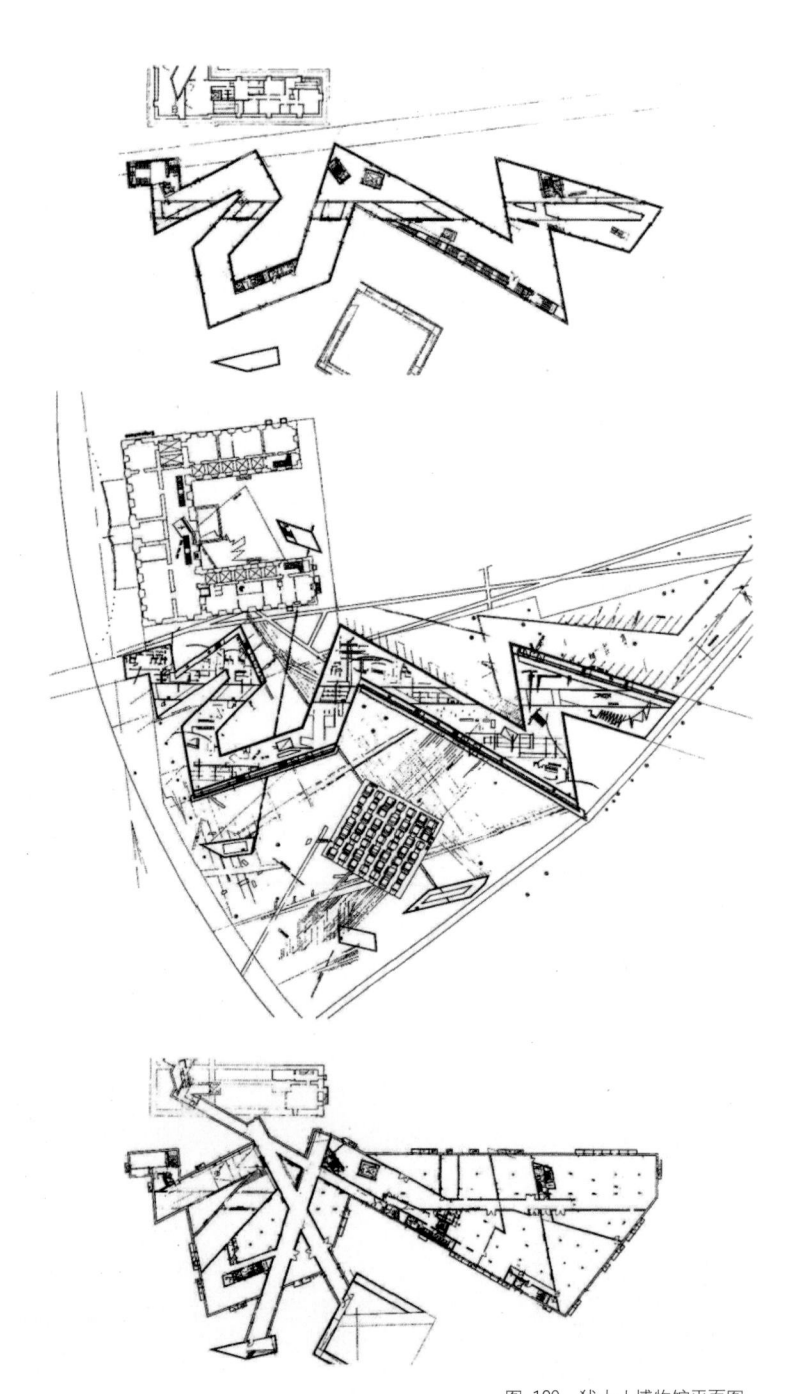

犹太人博物馆　德国，柏林
设计：丹尼尔·李伯斯金
(Daniel Libeskind)

　　李伯斯金的设计理念是用曲折变形的画廊将博物馆空间分成许多"碎片"，使参观者想到纳粹对几千年的犹太文化所造成的断裂。他为博物馆设计了"空气壳"、"水壳"和"土壳"三个主要空间。该博物馆外形呈简单的几何图形，巨大的曲面块体相互交错在一起，外墙是深色的混凝土。他以曲面壳体隐喻"当今世界已被各种矛盾冲突撞击成许多碎片"。不规则的展览空间用不规则的隔板隔开来陈列展品。由于展厅内很暗，在展品和参观路线导向处都有照明，设计者是要通过建筑和建筑内部环境对参观者产生影响，使参观者仿佛脱离日常生活而进入另一个情景世界。

图 129　犹太人博物馆平面图

建筑系列——国外后现代建筑

图 130 犹太人博物馆外立面局部

第九章 作为叙事的后现代建筑

图 131 犹太人博物馆外景局部

建筑系列——国外后现代建筑

图 132　犹太人博物馆外景局部

148

第九章 作为叙事的后现代建筑

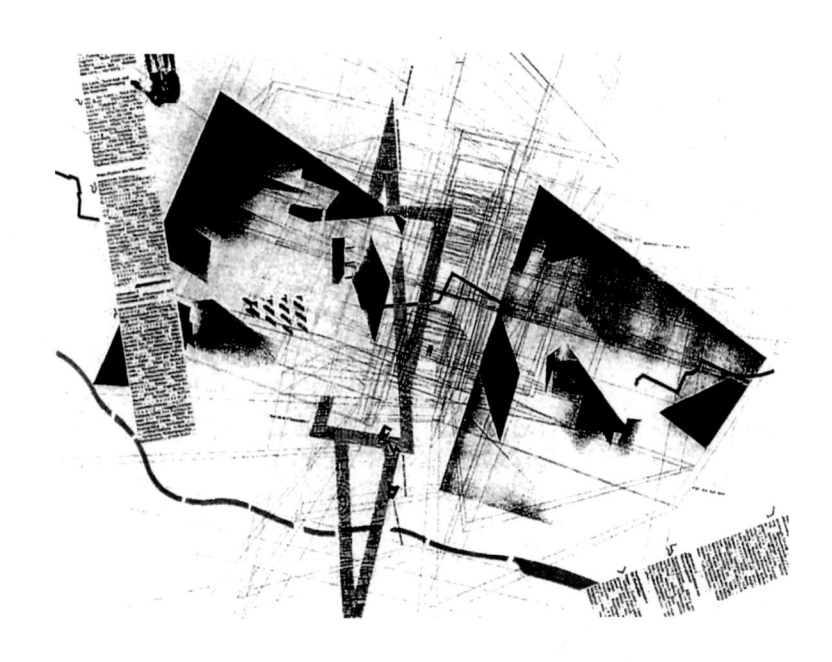

图 133 犹太人博物馆总平面图

场所，有明确的意指性；后现代建筑则是一个人的世俗的活动过程，是一个物质的、散文式的无明确意指的过程。总之，从建筑结构角度来说，西方建筑多系重墙结构，墙体具有承重功能，这有可能是西方传统建筑独立封闭，向上发展成为可能性的模式形成的原因，但也不能忽视希伯莱文化中的"上帝"意识；而后现代建筑有轻便和空间横向连续的特点，"墙"的意识并不如西方那样，墙只起"间隔"作用。从光影角度看，后现代建筑的光影是渗透式的，并很少从"立面"感受光线；而西方传统建筑中的光与影则是建筑立面造型要素，相当重视光影效果。后现代在动手建筑之前，考虑的更多是给定的"间"，而很少从建筑外部体量去考虑；西方传统建筑则把体量视为造型要素。前者的"间"是社会文化的规定性，不是视觉效果；而后者的体量则是视觉的，一种传统"文化模式"，是艺术家的造型语言。从某种意义上说，传统建筑平面是动线的连续，又是立面的静态，强调立面设计；而后现代建筑强调的是平面设计。

后现代建筑强化一个过程；而传统西方建筑则暗示了一个静态的最佳视点。西方建筑平面空间是不连续的中心空间；而后现代建筑平面空间则是连续的、运动的。就一个固定的建筑系统来看，西方建

建筑系列——国外后现代建筑

威尼斯歌剧院

设计：阿尔多·罗西（Aldo Rossi）

意大利歌剧产生于16世纪中期的佛罗伦萨，17世纪时它的中心开始往罗马和威尼斯移动。由于歌剧艺术在威尼斯市民生活中有广泛的基础，1637年威尼斯市创建了世界上第一座经常公开演出的歌剧院，威尼斯歌剧在意大利各地都非常流行。威尼斯歌剧院以其悠长的历史，独有的建筑风格以及艺术魅力和品位，非常引人注目，成为世界上最优美的歌剧院之一。

筑有其各自辉煌伟大的一面，在美的价值上无所谓高下，各有特色。但就历史发展的眼光来看，西方建筑似乎是批判发展的（否定之否定的），是同一的模式化延续。三度空间、封闭的"院"、平面的、集合、渗透、单元连续的"壳"，一个开敞的"容器"，可以用群集化、空灵、空透来描述这些建筑。西方建筑的墙体意味着外部形式（体量、重量、材质、纹理、光影、造型），这是一种视觉艺术。后现代建筑中的历史主义有意识强化了"古典"的视觉符号，比如罗西的作品（见图134、图135）。

西方建筑师重视"面"的造型因素；而后现代建筑师在处理"间"时似乎并不考虑其多"面"的因素。"间"是一种"体用"哲学的外化，更多是从功能上考虑，它不是一个视觉造型问题，而是一个社会文化伦理规范的问题。西方建筑在面所构成的体——长、宽、高、深度上少作视觉上的考虑而是基于一种模式化的观念，每一次设计都多少依靠几何形元素进行空间的"围合"，在他们的建筑设计语汇中思考的要素是实体、体量造型，即由块面包围的空间。

图 134 威尼斯歌剧院外观

第九章 作为叙事的后现代建筑

图 135 威尼斯歌剧院草图

西方建筑很容易被看成是一个"体积",体积是由建筑形式限定的空间;后现代建筑空间明显强调了"空"的含义。西方建筑主要是几何语汇,如方形体、球体、锥体等;而后现代建筑的形状很难用这种几何形体来概括,从平面上说,后现代建筑可以概括为方格网形平面,但在立面造型上却难用几何形体进行概括,形成特殊的曲线型制和各种变异的形状等(见图136、图137、图138)。

建筑的用色与图案都是有严格规定的，但从遗迹和近现代建筑看，他们似乎更注重材质本身的颜色。曾有人高度赞扬了北京紫禁城金黄色的琉璃瓦与深蓝天空的强烈的补色对比关系，也有人赞赏过古希腊巴德隆神庙的白色与其海蓝色背景的"简朴的高贵"。所以，西方建筑似乎很强调建筑材质感。建筑表达了某种科学性又含有诸多迷信和文化的观念，是一种人为形式与宇宙图案的构想。西方建筑重独立的"形"的塑造，而中国建筑既重"形"更重势。所谓"势"即是建筑的地势、气势，一种大地所具有的"势态"姿势，建筑与大地气势的隐喻联系。从这种意义上说，建筑外观被当做一种组合、平面序列或与天地万物互相辉映的"风景"在观赏，而并不是当做独立的建筑体量。建筑被当做大地的一个有机组成部分。

从某种意上说，东方传统理性中就有"后现代"特色，老子《道德经》说："凿户以为室，当其无，有室之用。""埏埴以为器，当其无，有器之用。"中国人理解的"形"是从"无"（"虚空"）开始，而西方人认为"形"则就是形本身实体，这是两种不同的空间观念。"从无入有，有理若形"。虚实相生，"形"与其四周的"势"共同构成一种被称做"场"的空间。"空间"按中国人的理

图 136　加那利码头大厦远景

第九章 作为叙事的后现代建筑

加那利码头大厦　英国，伦敦
设计：西萨·佩里（Cesar Pelli）

　　西萨·佩里的许多建筑设计非常注重建筑的外观，他是一名将自然和人性融为一体的建筑师，他的建筑哲学谦逊而复杂，堪称深思熟虑的实用主义。他秉承了德国建筑简洁、务实的特点，是与哗众取宠背道而驰的自然风格，是现代建筑的重要代表。从图中我们可以看出，佩里的建筑简单实用，在设计上，他用最少的线条描摹出粗大的体量，外立面不落俗套而长久耐看。

图 137　加那利码头大厦全景

153

图 138　加那利码头大厦外立面局部

解就是"空"—虚空—无,但不是虚无,而是"无中生有"。中国建筑尤其重视这个"空",正如中国画的"留白","白"也是一种构图。中国建筑的"空灵"与"透空"是一种独具风格。如果说西方建筑是"实"的话,那么后现代建筑形式就有求空的特点。英文中"space"一词意为"包含着物体","环绕着物体",或"两点或两物之间的距离"。这是从物的角度来理解空间的,这种不同的空间理解自然产生于各自文化不同的宇宙观、伦理观,重实体与重虚空都具有各自不同的伦理意味,它折射出不同的人生观。中国建筑早就出现了模式化、定型化、标准化的规范,很明显,中国建筑表现出了一种过早模式化的思维趋向,儒家的伦理和道教的宇宙自然观从这两方面规定了中国建筑的尚道德与尚自然的内容。

西方的后现代建筑则主要以人为中心，主要表现为：逻辑的、情感的、精神的。在谈到西方后现代建筑形式语言构成法时有人撰文说：形式语言构成法主要以抽象几何图示和形式构成规律作为基础，较少考虑社会、文化和历史传统诸因素。形式语言中的形式有两种，一种是"几何"形式，另一种是"图案"形式。几何形式构型是一种没有意义或仅具有自然的和表面意义的形式语言构成；图案的型较为简洁、单纯，表现的思想也不复杂深刻。图案的简单意义是由社会定义的。文丘里的建筑设计常采用简单的图案和商业化的母题，在这里图案起到一种标识和装饰的作用。采用几何形式及其构成规则是形式语言设计方法的主流，其代表是现代建筑的抽象形式。现代主义认为几何形式有其简洁而又特殊的美学特征，在设计中运用几何形式便能获得简洁形式美。

赖特在他的"于桑年经济住宅"（usonian house）后期开始大量使用纯几何形进行平面的组合设计，将三角形、圆形和有规则多边形平面构成推到了顶峰。而风格派包豪斯的设计教育、柯布西耶等人的建筑实践更是奠定了形式语言设计方法的基础。埃森曼在20世纪60年代至70年代设计的一系列住宅对形式语言的句法结构进行的研究深化了形式语言的探索。"纽约五"的另一成员海杜克则试图在二维形式语言中探索三维形式特征，更为重要的是他对形式语言的诗学、神话意义和叙述性特征(narrative quality)所进行的探讨，深化和拓广了形式语言构成的领域。当代欧美一些建筑师如库哈斯(R.Koolhaas)、波赞帕克（C.Portzamqarc）、努瓦尔(J.Nouve)和一些曾被称为解构主义的建筑师如哈迪德、李伯斯金和屈米等都是使用形式语言方法进行设计的好手（见图139、图140、图141、图142、图143）。值得注意的是从形式语言入手的设计方法并没有基本准则可遵循，也没有设计的内在必然性，只有根据所谓的"形式美原则"，主要依靠所谓的"灵感"、"天赋"。诸如赖特、柯布西耶、哈迪德等人。

每一个建筑师都具有独创性的个性气质的"言语"。柯布西耶的强有力的几何元素、语码、地中海的潜在性、塑造性和某种程度的非理性与密斯的精确、逻辑、简洁、抽象的气质是有个性区别的，这就是个人化的语码即"言语"。但前述的"类型"性在建筑上只具有非常明显的"上下文"感觉，罗西的作品就有这些特征。在谈到"集体记忆"与"类型"的问题时有学者写道：这种历史现实对人们心智影

建筑系列——国外后现代建筑

海牙政府大楼
设计：雷姆·库哈斯
(Rem Koolhaas)

库哈斯的设计建筑创作首先是现代主义的，因受超现实主义艺术很深的影响，其建筑具有某些解构主义的特征。其富有幻想的设计构想，蒙太奇式的建筑表现手法，嘲讽的解读方式，让人改变了对于环境既有的看法。

响很大，从而决定人们有关环境、城市和建筑的心智形象并进而影响人们对环境的塑造活动，这种心智形象就是人们的"集体记忆"（collective memory）。

"集体记忆"并不是某一代或某一时期人类心智记忆的产物，而是整个人类文明史和改造环境历史中的整体产物，每个历史阶段人们都为这个整体，这种"集体记忆"增加了新的内容。"集体记忆"在人类历史文化中由作为个体和群体的人类以口述、文字、操作实践和人工环境的形式保持下来，成为文化和物质基因延续下去。由于个体生命的历程与物理环境相比，表现为相对持久得以成为取代人们的记忆并进而影响对环境的塑造活动，从而保持了环境的相对稳定。罗西认为城市类型其实是"生活在城市中的人们的集体记忆，这种记忆是由人们对城市中的空间和实体的记忆组成的。这种记忆反过来又影响对未来城市形象的塑造……因为当人们塑造空间时，他们总是按照自己的心智意象来进行转化，但同时他也遵循和接受物质条件的限

图 139　海牙政府大楼设计手绘图

第九章 作为叙事的后现代建筑

图 140　海牙政府大楼设计手绘图

建筑系列——国外后现代建筑

荷兰使馆　德国，柏林
设计：雷姆·库哈斯
　　　(Rem Koolhaas)

　　柏林荷兰使馆由库哈斯建筑事务所设计。整个建筑由一个L形直角建筑和一个别致的六面体建筑以及中间的连接大厅组成。他设计的不是一个与外界隔绝的建筑，他将柏林城搬上了舞台，将大使馆自身的安全感与荷兰热情开放的民族性完美结合。在建筑里面，可以从一个空间看到另一个空间，没有任何一个元素是孤立的。其完美、独特、精妙的设计，使其获得欧盟当代建筑奖。

图 141　荷兰使馆楼梯

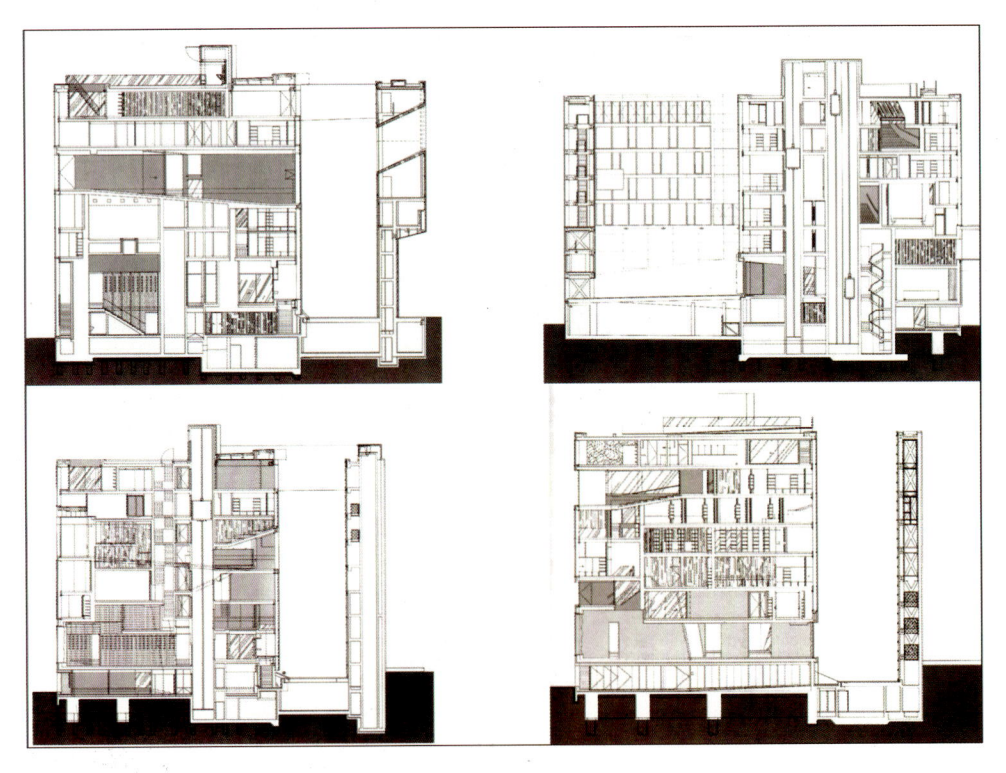

图 142　荷兰使馆立面图

158

第九章 作为叙事的后现代建筑

图 143 荷兰使馆外观

制。"如果以这种更为宽容、全面和真实的观点来看待历史，应该承认现代建筑为这种集体记忆增加了新的内容，如果按照现代运动的排他性历史观，现代主义的形式也许已被后现代、解构以及其他的流派所取代了。建筑的现实再次证明现代主义的历史观是错误的。也正因为历史是按照自己的规律发展，从而保证现代主义的合理内核和其中健全的形式风格继续得以发展。

第十章

作为人的象征

建筑系列——国外后现代建筑

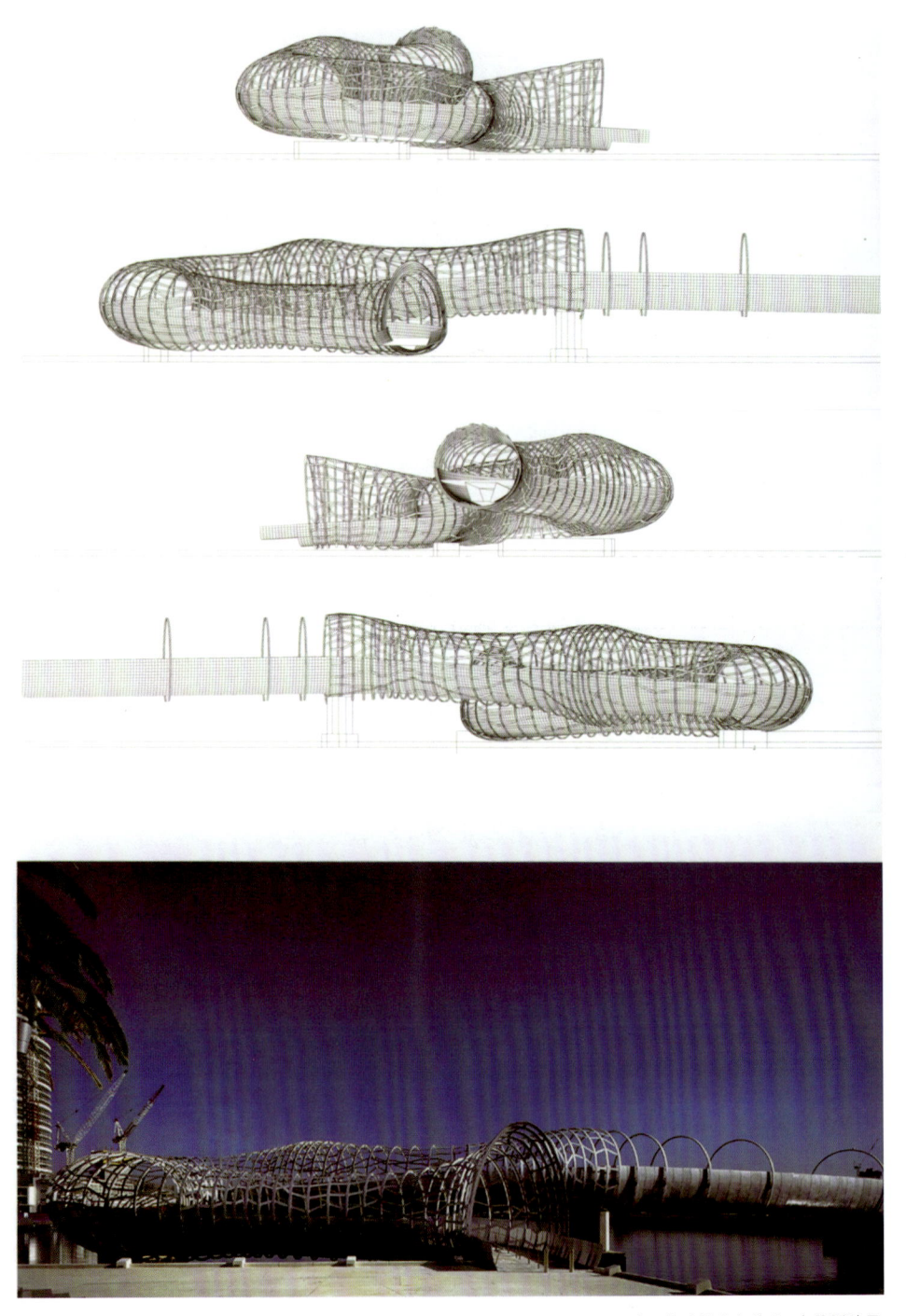

后现代建筑大师作品：韦伯桥外景

第十章 作为人的象征

这个问题可以让我们从各种不同角度进行回答并各有一定理由，正如那个古老又神秘的问题"人是什么"一样在今天的文化和知识状况面前，任何现象都可以从"本体"的角度进行解释和定义，而哲学在不同时代提出的"本体"疑问都意味着一种认知和更大文化变革时代的背景。建筑曾经是人遮蔽自然，保护自我生存的本能行为，曾经是一个梦、一个小宇宙、一个对神灵祈祷的场所；建筑是爱与恨的永恒与灵魂的居所；是集家园于一身的栖息地；是财产、成功、阶级地位的表征；是自我意识、梦幻的"方舟"；是母亲的摇篮；是回忆与梦想。建筑是一种叙述方法、象征、手法、话语。从这种意义上说，后现代建筑更像是一种语言，一种讲述故事的方式，一种由词、句法构成的句式，是一种隐喻，一种"能指"。从另一意义上说，后现代建筑更像是一种造型、一种空间（时间）中的体验与行为过程，一个从A点到达B点的长度，一种序列、体量、比例、材质、色块，一种纯粹的形式艺术，一种抽象的体块分割，一种空间中的结构。从"科学"理性、实用精神出发，建筑将成为一种功能合理的、供人居住的"机器"，后现代建筑则被理解成为一种含有精神的情感体验的"场所"、一种环境、一种在光与影中由"石头"堆砌的具体可感的"地点"或"基址"。

后现代建筑，本质上是人的行为、精神的表现，是一种人的表征。作为人性和人的行为，建筑即是社会的、经济的、美学的、精神的……现象的、具体可感的、实体的、形而上的……于是，建筑既是人类畏惧自然的神秘力量寻求躲避的栖居，又是人类改造自然、征服自然的本质力量的表现，从这种意义上说，建筑成为人的象征。在现象学的讨论中，后现代建筑既不是纯粹客体也非纯粹主体，建筑成为了一种词语（Word），一种叙事，一种"悬置"的人对现象的叙述。

"建筑屹立在我们和世界之间，如果我们把自己以及这个世界都定义为可计量的物质（measurable），那么我们的建筑也将只是可计量的物质而不具有精神内涵了。如果我们容许自己的心灵向可计量的和不可计量的(immeasurable)物质之结合，我们的建筑将成为对这项结合的赞美和精神的归宿。"（《静谧与光明》路易斯·康）

在被法国人让-弗朗索瓦·利奥塔称为"合法化危机"的时代，一切叙事都是一种语言沟通，昔日一切合法化的规定性都成为一种崇尚"游戏规则"的时代。只要叙事成为一种可能性，一切真理在今天都成为了一种语言意义的"自动指涉性的螺旋"。

建筑系列——国外后现代建筑

事实上，在"静谧"这个模糊的、含混的、感受性的概念中，路易斯·康隐喻了其身体的感受性。而正是在这种"感悟"与体验中，路易斯·康认为其感悟了伟大建筑的模糊的感悟（体验的神秘感受，它可追溯到远古人类的图腾仪式活动），而光明（日神精神与理性的逻各斯精神）则是建筑实施中的可计量的、工具性的理解，它只是一种外在的、可测量和可理解的思维。静谧之于建筑，意味着身体在移动的线路之中。

后现代建筑在何种层面，哪种视角，哪种意义上进行比较？比较可以选择在任何一个层面上进行异同讨论。比如有许多人认为赖特的有机建筑的空间观与东方哲学有联系，日本建筑和老子的哲学有类似性，并对之进行解读。但赖特本人却从更为具体和工具的精神中认为钢材水泥和玻璃是所谓有机建筑的切入点，大跨度的挑梁以及大面积玻璃实现了空间互相渗透。赖特特别强调"基址"与"本土性"二者的结合。虽说这些建筑在认知、美学和表现上与东方建筑，尤其是日本建筑的空间上有许多近似和联系，但赖特在宇宙空间感受上与古代东方神秘主义仍有巨大的区别：赖特建筑上的明晰性和强烈实用的逻辑精神，与老子的浑然不分物我的感受区别是很大的。西方建筑的形式是这样在人生的时间沙漏中记刻我们生命的"过程"：从"摇篮到墓地"这是一个空间，空间是两个点之间，这是一个时间过程。人把"空间"过程诗化了，这才是后现代建筑空间的本质意义（见图144、图145、图146、图147、图148、图149、图150）。

流水别墅　美国

设计：弗兰克·劳埃德·赖特
(Frank Lioyd Wrignt)

流水别墅是美国建筑大师F. L.赖特的经典作品，是为德国移民考夫曼设计的郊外别墅。流水别墅位于一片风景优美的山林之中，F.L.赖特将别墅建在地形复杂、溪水跌落形成的小瀑布之上。整个别墅利用钢筋混凝土的悬挑力，伸出于溪流和小瀑布的上方。这幢房子随着四季更迭以"无声之声"作出反应并自我更新。建筑动势的性质与瀑布的流速动势之间的关系就是一个例子。建筑本身疏密有致，有实有虚，与山石、林木、水流紧密交融。人工建筑与自然环境汇成一体，交相衬映。流水别墅不但是F.L.赖特本人作品中特别卓越的一座，也是20世纪世界建筑园地中罕见的一朵奇葩。

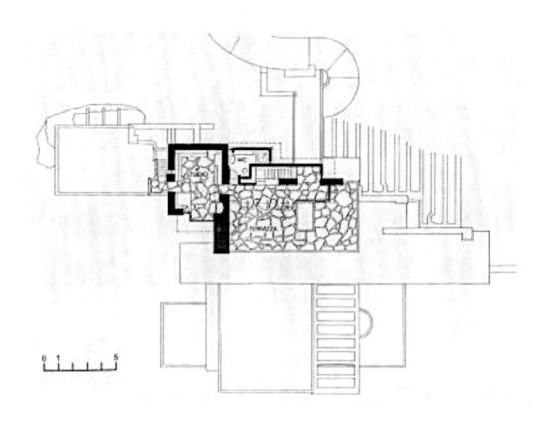

图 144　流水别墅主要平面图

第十章 作为人的象征

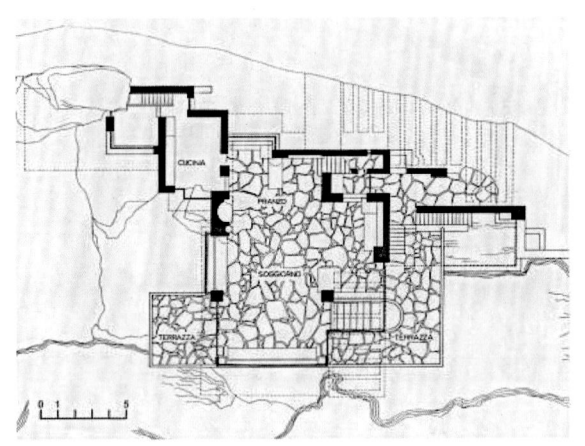

图 145 流水别墅三层平面图

图 146 流水别墅室内平面图

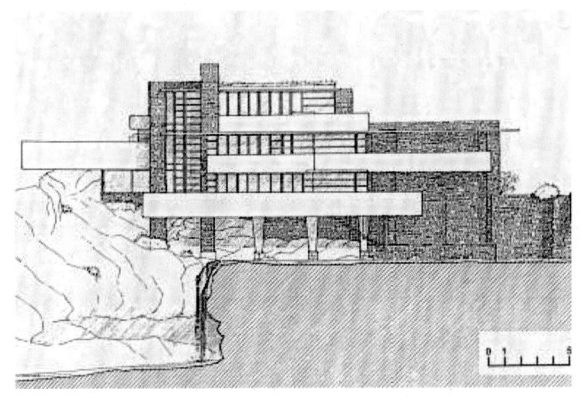

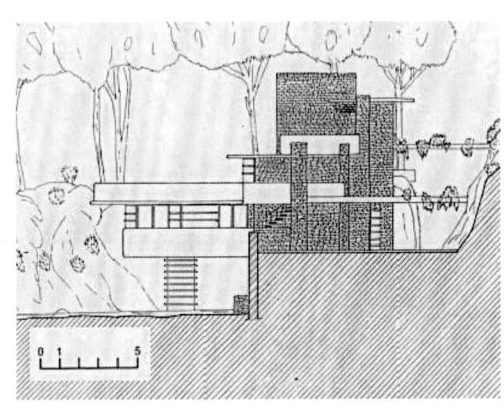

图 147 流水别墅东立面图

图 148 流水别墅南立面图

建筑系列——国外后现代建筑

图 149　流水别墅外景

图 150　流水别墅全貌

第十一章

图像的神话

建筑系列——国外后现代建筑

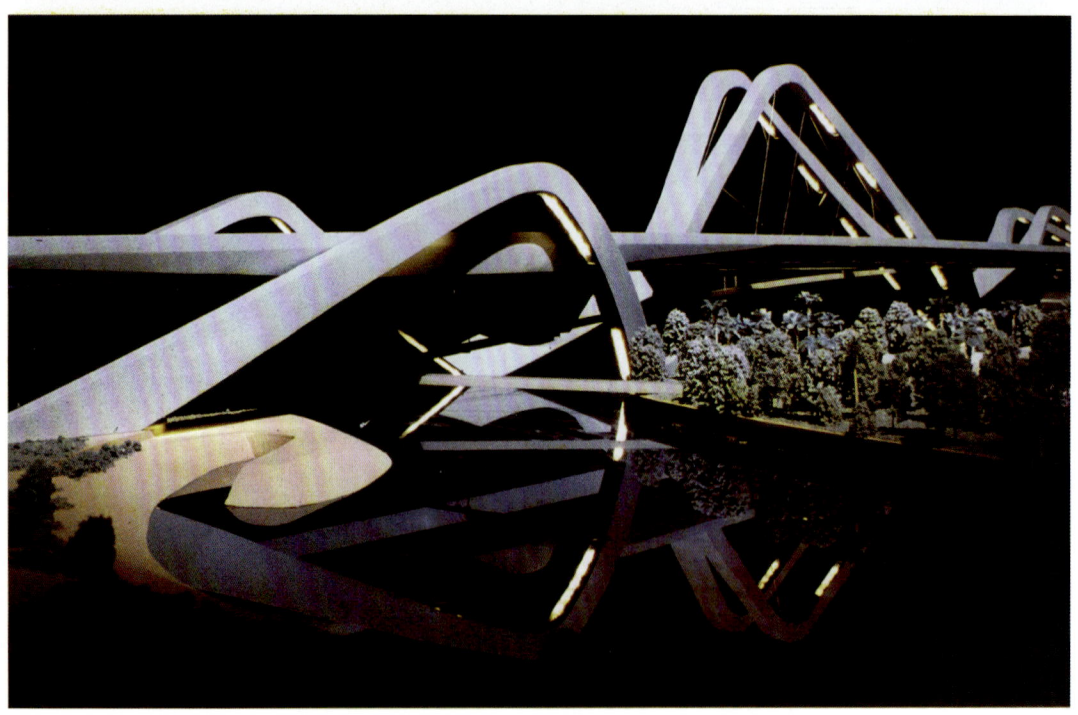

后现代建筑大师作品　阿布批比，主入口大桥

第十一章 图像的神话

后现代建筑成为纯粹想象的结构形式，正如卡夫卡、博尔赫斯、卡尔维诺的作品共同有这种想象的奇幻性，它们不真实，但在其逻辑构造上又让人感到真实。同样，我们认为建筑师的每一次计划都是一次"神话"创造，创造了一个他们记忆中的空间，其作品是幻想的、不存在的，但在逻辑上又不无道理——体现了存在空间中的荒谬性。卡尔维诺在小说《无形城市》中就叙述了一种似乎真实的空间（事实上仅仅只是叙述而已，是词语而已）——那些城市是幻想的。卡尔维诺把城市变成了词语的叙述。"叙述"行为事实上也是建筑师的常用手法。"叙述"被"阅读"置于光的背景之前，于是"阅读"中的建筑与人对空间的观念粘连在一起，人成了这个空间中的梦游人。卡尔维诺在《无形城市》中，用马可·波罗的口讲述了一个名叫"伊赛多拉"的城市：

"当一个人在荒郊野外长时间旅行之后，他便渴望能有一座城市。最后他来到了伊赛多拉城，城里的房子都镶着螺旋形楼梯。城里生产完美的望远镜和小提琴，在那里，当一外地人在两个女人间犹豫不决时，他总能遇到第三个女人。在那里，斗鸡总是堕落为赌徒间的血战。当他渴望有一座城市时，他就想起了所有这一切。因此，伊赛多拉是他的梦想之城，不过有一点不同，在那梦想出来的城市里，他是一个年轻人，而当他到达伊赛多拉时，他已是老态龙钟。在广场上，老人们坐在墙根，看着路过的年轻人。他也坐在他们的行列中，欲望此时早已变成了回忆。"（转引自 J. Spence：《文化类同与文化利用——世界文化总体对话中的中国形象》）

这一段叙述是一种心境，一个人的一生，一个梦幻的城市。城市通过人的记忆，成为了一个文本，一个"人"栖居的土地，成为了一种"建筑"空间，它通过阳光—形式—知觉图式，在我们心灵中折射出一个形象。这种空间图式就是博尔赫斯笔下的"迷宫"。于是，思维和幻想又回到了词汇，由此，我们想到，东西方的不同，最终是否是语词的不同？思维的工具不一样，幻想、逻辑、思维本身，却导致了身体感受的不一样。不论是东方或是西方，因囿于自己的"乌托邦"，而在阅读到"他者"的乌托邦时，自然认为对方的空间不可理解。

西方人通过书本照片对中国的理解，然后又通过文字描述了一个完全虚构的中国。这里面对空间、建筑、城市完全是另一种角度的虚构，一个"梦想"的世界，一个"理想"的空间，一种"形象"。讲

图 151 主流建筑师的"后现代"倾向是轴线错位和斜线的"折中"构成了所谓的"新理性"或"新现代"

第十一章 图像的神话

图 152 查尔斯·莫尔古典与异形和综合材料的拼贴

究细节，严守清规戒律，忽略时间，重视纯粹空间轮廓。西方是不是与此相反？不讲究细节，没有清规戒律？专注时间，不重视纯粹空间轮廓？答案是否定的，西方艺术是相当关注细节，特别重视纯粹空间轮廓的。那么，这种文字的意义何在？更进一步，文字果真能传达一种认识的信息吗？

西方人把中国建筑幻想成迷宫，一个"毫无连贯条理的空间"，这里，我们可以见到一种文字对另一种文字的"虚构"形成的双重虚构。"我"对"非我"的虚构——这是一种虚构的世界，有点像超级现实绘画或达利的镜中世界。这些都是人在试图用语言编织一个幻想的世界。博尔赫斯用语汇编造的世界里，他的"迷宫"是由通道、回廊、曲折小路……构成，这些是西班牙建筑的语言。博尔赫斯明白，他是用文字在虚构，他并不认为他的文字是在试图建筑一种"真实"，他认为"虚构"就是文字本身，这就是真实。我们在卡尔维诺的小说中可读到虚构中的马可·波罗和忽必烈讨论他们各自虚构中的城市，但在这二位的讨论中，我们仿佛又看到虚构的城市。

如果我们把小说中的叙述和转述、对马可·波罗和忽必烈这两个人物的描述排除，我们可以建构一个"城市"形象。那完全是一座西方意义的城市，是在对话中用文字虚构的城市。它并不准确，它可以是威尼斯或者其他城市。文字描述了两个人物和城市的微妙心理关系——一个是东方君主皇帝，一个是西方旅行家。而文字的建筑和城市则明确地展示着不同文化，不同文化自然描绘着不同的建筑。博尔赫斯在他的小说《巴别图书馆》中用文字虚构一个建筑，形成了一种埃舍尔式的空间。博尔赫斯把他虚构的这座建筑想象成"宇宙图式"。在博尔赫斯构想的"中国式"花园中，我们看到"八角亭""曲折的小径""无法确定的时间"……奇怪的是，虽然面对的是"中国式园林"，博尔赫斯还是那么专注物质的形式。这或许正是西方人和中国人所感受到的世界不一样之处（见图151、图152）。

第十二章

后现代建筑的语法

建筑系列——国外后现代建筑

后现代建筑大师作品　萨拉戈萨廊桥

第十二章 后现代建筑的语法

建筑的代码是建筑符号，它们的特点是：标志、图像性、象征性。具体如下：功能的符号——使用、社会活动；结构性能——环境、气候地理等。其深层结构是用标志作为建筑的象征，它包括功能空间——行为——触觉——潜意识（生理本能），其形式意义是：象征场所仪式——转换、联想、共化重组、符号——感情——象征的转换生成，视觉变化，可按制度排列组合为相同构件不尽相同形象的建筑，这近似语言代码组合，可以称之为：

ABCD或AABB—AACC或CC—DD—DBCD或BCDA—CDAB—ABCA

就类比的意义上说，后现代是这种组合法的词典，它包括了造型、比例、色彩等词汇并对其进行了语法制度化限制的类型编码、类型复制。这种类型形式包括对称、网格、轴线、比例尺度体系、（材料）模数体系。这个体系如同格律诗词，先决定一个框架然后填词汇，框架是重复的、固定的，词汇则是新的、陌生化的。

我们知道，在语言学上出现过一些颇具创意的然而又是近似的语言学分析法，比如索绪尔（Ferdinand de Saussure，1857—1913年）就提出语用因素分析。符号整体Sign：所指signified，能指signifier；同一形式或词汇的符号整体具备以上两个因素，如同一张纸的正反面。皮尔士（Charles Sanders Peirce，1839—1914年）又提出Semiotic（图像、标志、象征）这个概念分类为图像和标志是视觉的，象征则有强烈的语义内涵。这类理论都不同程度论证了用符号描述语言"组合"的近似的情景。

乔姆斯基（Auram Noam Chomsky）对语言学体系的分析是：语法（句法、语义、语言）、规则系统（基础规则[句法规范]、转换规则[语义联想]）。

上述多种语言分析给我们以启发。根据这些规则，我们试图通过对限制性规则生成的句子的解释，对后现代建筑语义规则的解释来了解后现代建筑的句法与语义的组合制度。我们知道，在语言学体系中有深层结构，我们解释为集体无意识原型，包含感情和象征等因素；也有表层结构（surface structure），语音或物化形式，比如材质、构件形状等；还有词素（Morpheme）、形态素，具有隐喻性、近似所谓梦之神（Morpheus）等人性和物性的混合体，在建筑上显现为构件，它们共同都存在着要由语境来规定其意义的特点。西方国际象棋与中国象棋或围棋的不同正好说明中西建筑规则理念之不同。语言学者对语义学的解释是：符号A指示B，即A代表B，比如屋顶形式与等级、中轴代表集中等。用莫里斯的语法学的解释是：符号与事物以及符号的译义的关系是符号与符号之间的关系。

另一位结构主义学者皮亚杰则认为人的思想方法是排列组合构成，这种组合构成一种结构：

外在世界的结构：A—A—A—A—A—A

人　内在世界的结构：A'—A'—A'—A'—A'—A'

他认为"结构"在人的思想中，思想语言就是一种基本结构。记号表象为现象世界的"镜像"，"讲述"人的活动，虽然这种"镜像"与"讲述"现象并非一对一，但它已作为一种"创造"的形式存在。

在西方形而上话语传统中，沿袭二元对立的理论建构，即一种结构主义的思维方式，但在后现代的语言和实践中，似乎并未有这种"二元"对立的结构。在后现代的"语言"的思维中，我们发现难以分清"能指"与"所指"的对立，它们既是能指（形式、形体等），同时又是所指（意义、隐喻与象征）。比如"词条"的解释就难以分离是能指或是所指，它们的解释都是名实混合的，当说出一物时，此物的所指也被同时说出。这一特点在绘画、音律中均可见到，在建筑实例中也可见到。比如我们的确难以分离形式与意义，它们既是形式又是意义。所以A.J.格雷马斯在西方话语传统中所发现的由二元对立产生的"语义素"所构成的"符号指示的基本结构"就难以解释符号结构，因为后现代的话语结构的特征是符号直接的"呈现"。但是格雷马斯所说的"共同语法"和"行动素模式"却可用来解释建筑史的某些现象，比如后现代建筑中的历史主义、解构主义、地域主义、生态主义、高技派、新古典、新现代、波普、折衷等，它们本身就是一种各自共同的"语法"思维模式（见图153、图154、图155、图156、图157）。从后现代到后现代建筑所有的注释都是做法（营造）本身的，同时又是在内容层次上的，从这种角度上说，"意义"产生于主体（或某个具体人物的活动），建筑"叙述"某种"深层结构"与主体对应而生成意义，这就是语境。语境是一种历时的文化模式或文化制度，它生产主体，也生产客体，主客互为生产。这种互动模式产生的文化语言"形态"被深深打上该文化关于世界的烙印。

根据符号学原则，意义产生于系统。系统是一个深层结构，它通过心理或身体的历时性或共时性与文化系统关联。这个系统是网状

第十二章 后现代建筑的语法

德国柏林新议会大厦
设计：诺曼·福斯特
　　　(Norman Foster)

　　原议会大厦顶部原有的铜质的穹形圆顶在1933年国会纵火案时被烧毁。福斯特对其进行了重修，恢复了穹形圆顶部，而且建筑材料变成了金属与透明的玻璃。这种金属与玻璃的顶部形式将取代欧洲传统城市的穹顶，成为现代的城市天际线的制高点和城市新的标志。圆顶内部是无数闪亮的玻璃镜片。一条螺旋形的人行道沿着弯曲的圆球壁盘旋而上，在议会举行会议时，人们可以从上面清楚地看到下面大厅里的政治家们讨论国家大事，这体现了一种设计理念：增加政治的透明度，并且还含有让百姓监督国政的象征意义。

图 153　德国柏林新议会大厦内景局部

图 154　德国柏林新议会大厦内景会场

建筑系列——国外后现代建筑

图 155　德国柏林新议会大厦内景

第十二章 后现代建筑的语法

的、无规则的，有时甚至是偶然的、编码的，从而构成意指作用。编码（约定俗成的历史的概念）是一种规范与制度。比如一方面这种制度组合了各构件（造型复杂而丰富的屋顶曲线、屋脊弯曲、屋檐角）形成梁柱空间模式托架的尺寸模度、斗拱悬臂支撑系统等形式；另一方面编码还有心灵心理、记忆的、遗传的编码，这造成了阐释的无限性和多义性。

建筑在空间上排列编码制度符号并使其成为一种时间句法，比如沿中轴组织时间序列，由方格网组织时间的东西南北序列等，由此而组成系统，并在这个系统的纵深、横向、上下不同"结构"中体现了文化观念，比如天人合一、占星术、风水术、阴阳说、血缘伦理、政治制度的内涵。通过近似"语法"组合构成建筑符号组合系统：能指系统—表达系统—语义系统（语言活动），从而构成一套近似神话系统的自足体。

符号的指代功能是一种客观的认识方式，这种方式通过知觉／记忆／理解／逻辑的路径架构意义。符号的情感功能是一种主观的／表现的／联想／记忆／感觉／精神／心灵／超功能门／理性的表现，所以分类系统之间形成了多种交叉关系，这种关系是一种编码化（codification）活动，它们形成下列系统：

发送者……指代对象／线条／色彩／形状／尺度……重建图像意

旧帝国议会大厦

设计：诺曼·福斯特
(Norman Foster)

旧帝国议会大厦是一座带有明显政治色彩的建筑，今天看来未免有点沉重，内部设计追求现代议会政治的透明性和机能性。它曾是德意志帝国开始民主化的象征建筑。

图 156　旧帝国议会大厦外观

图 157　旧帝国议会大厦外景

义／模式化／场所……接受者编码／编码系统（解码／编码／符号记忆系统）……身体活动

　　后现代建筑为我们提供了一套类型化的符号编码。作为（代码）编码系统，它们又被构造成一种制度形式。当我们进入这些"物质"建筑场所遗址时，我们的解读（解码）便开始了：我们身体通过视觉、触觉感受到了其形状与尺度、材料、颜色，形式在我们心理上形成"影像"、标志和各种符号形式；通过我们的"解释"即通过我们记忆中的编码——译码从意识与无意识方面进行联想、类比、组合、想象、理解，生成意义（sense）、意识。在这个过程中有意识、无意识"组合"成了新的编码。编码约定了某些关系，如结构关系，记忆、系统关系和能指关系（即概念化、观念化、制度化）。

第十三章

后现代建筑作品举隅

建筑系列——国外后现代建筑

后现代建筑大师作品　阿格巴大厦

第十三章 后现代建筑作品举隅

后现代建筑本身并非一种纯粹的建筑流派，比如在后现代建筑中也有一些折衷的建筑师，英国人斯特林的建筑就很难归入哪一派。他的建筑从总的空间形态来讲，有古罗马、古希腊、中世纪西方建筑的灵魂（如他对石材、圆形图像、梯步形式的运用），但又有在局部用一些蓝色或红色钢架和玻璃所表现出的现代意味，以及解构、构成和高技派意味，所以，我们很难说斯特林是一个纯粹的历史主义者。相比而言，西班牙建筑师里卡多·波菲（Ricardo Bofil）则是一个较纯粹的历史主义建筑师，他的石材构筑物的灵魂具有古希腊、古罗马、法国和加泰罗尼亚的古典建筑遗韵，他的格式、柱列都令人想到古意大利风格。而另一个我们称为经典的、精致的"后现代主义"建筑师是美国人迈耶，一般认为迈耶是新现代主义代表，他是当今现代主义建筑的杰出延伸，他是"白派"的代表。所谓"白派"是指他们的建筑喜好白色，精致、精巧。但迈耶的建筑作品中其实也采用了一些"后现代"形式，这一点贝聿铭非常近似迈耶（见图158、图159）。比如他们轴线适度的"移位"、"旋转"和入口长廊与台阶形式的"适度"运用。对于迈耶来说台阶经常是地方性、乡土性的符号，台阶与入口走廊的结合导出了一个有意义的时空过程，关于这一点，迈耶无疑是继承和发展了现代主义大师勒·柯布西耶的神韵。并且当今有两个日本建筑师也最能心领神会，他们是矶崎新和安藤忠雄，他们都同样领会了柯布西耶的钢筋混凝土"诗"意构筑，又同时在不同程度上领悟了后现代的一些构成方法——中轴移位与旋转、重叠与交错。基本可以这样说，在他们那里没有什么古典符号来引导人们的回忆。

在所谓后现代主义建筑师中，有一些人就复杂多了，我们为此不得不多费些笔墨来描述他们的复杂性与矛盾性。首先是美国建筑师菲利普·约翰逊，他是一个从现代主义向后现代主义转变的人物。他自身就经历了这个转变，他从一个纯粹的现代主义非常偶然地就摇身一变成了一个后现代主义的代表（见图160、图161、图162、图163）。我们说他设计的建筑——纽约的美国电信电报公司总部大楼"身体"是现代主义的，但其"清水砖墙"式的表面和其"符号"式屋顶、檐口又是"历史主义"的，亦即"后现代"的。他的平板玻璃公司总部大楼用的是标准的现代主义材料和结构方式即玻璃、钢框架结构；但其总体形象则具有中世纪哥特式建筑的影子，它令我们想到米兰大教堂的尖顶（见图164、图165、图166）。他的"文章"总是做在他的

建筑系列——国外后现代建筑

MIHO美术馆
设计：贝聿铭

它由贝聿铭连同纪萌馆设计室于1996年8月开始在日本滋贺县信乐町的自然保护区山林间进行建设。美术馆每一部分都蕴涵着设计师打破传统的创新风格。整座建筑80%造在地下，美术馆呈各种立体几何形状搭接的钢条结构，让人感到这是一件精美独特的创新之作。该馆获得了国际构造学会颁发的"2002年度最佳构造奖"。

高层顶部和入口处，既满足功能——现代大都市商业空间需求，同时又存有一些"后现代"文化符号的影子。虽然肤浅，但在商业上满足一些有点文化时尚追求的商人的要求还是可行的。比如他设计的M银行总部和感恩广场入口及顶部选用了某种半圆图式，而其"身体"则是标准的现代主义。

美国的建筑师不像欧洲的某些建筑师那样想做一个"纯粹"的艺术家。在欧洲，可能是受巴黎美术院和古罗马院影响，那里的建筑师经常具有一种乌托邦的艺术梦想。如复杂的现代主义大师勒·柯布西耶，就是一个纯粹艺术家，至少，他保持了一个纯粹艺术家的姿态，他在建筑构筑物上追求理想与纯粹。可能是出于商业背景，美国的建筑师更实际一些，他们首先要生存。美国的两个现代主义大师虽然具有艺术天赋和某种程度上的幻想，但全心全意更确切地首先考虑的是生存，虽然，他们身上的某种乌托邦的幻想经常引起他们和业主

图158 MIHO美术馆外观

第十三章　后现代建筑作品举隅

图 159　MIHO美术馆一角

吵架争执。比如美国现代主义建筑大师劳埃德·赖特，他对水平线的酷爱，以及他对清水砖墙、坡屋顶和自然石材的爱好，对乡土风情的爱好都具有"中世纪"风格的生活方式，他们不理解为什么要把他归入"现代主义"门下，今天来看他是最早的"后现代主义"；而另一个被称为"现代主义"代表的美国建筑师路易斯·康对自然与清水砖墙的天才关注也具有后现代风格。美国建筑师们知道空虚——光才是建筑最本质的因素，但这并不排除他们把建筑当做一件雕塑，一种身体进入的行径。建筑是雕塑、场所和几何形体，或许都不是。但菲利普·约翰逊就把自己的大楼称为雕塑，他把空间、序列及雕塑感称为建筑，他把他排除了现代主义逻辑约束能自由赏玩的形体称为一种"解放"创造性的机会。约翰逊的建筑毫无疑问受到了欧洲建筑史影响，这与他早年去瑞士上学和欧洲旅行的经历有关。后来他又在哈佛受教于三位大师，密斯、格罗毕乌斯、布劳耶（Breuer），这时他与密斯一样情有独钟，可能他的文学气质又使他关注了历史意义的幽灵。他被归为"历史主义"、"古典主义"或"功能折衷主义"建筑流派,其实他更是密斯式方盒子玻璃墙、古罗马拱券意象、现代主义的纯粹加上新古典主义的某些灵魂的综合,同时他还是一个文脉主义者。文脉,其实就是上下文(context)即环境与历史构成的基地文化环境因素。因此,我们还可称约翰逊是变色龙式的地域主义,即古典+现代风格方盒子+地域+新技术材料。

约翰逊自称他设计中运用了古典课题(如拱券),被称为"新古

康涅狄格州新迦南参观者帐篷
设计:菲利普·约翰逊
(Philip Johnson)

菲利普·约翰逊对建筑从未间断过思考,进入20世纪60年代后,其建筑思想发生了根本转变,他主张冲破现代主义建筑的某些原则。强调"建筑是艺术",形式应遵循人们头脑里的思想,而非功能和理性。他的这种思想被称为"新古典主义",也是后现代主义建筑思潮的一个重要流派。

整个帐篷的外立面极具个性,由高低不同的小篷顶组成,线条尖锐,外沿的锐度与中间的弧度刚柔并济,刚中带柔,既规整又错落有致。内室是极简主义风格,设计崇尚干净简洁,给视觉带来一种舒适感。

图 160　康涅狄格州新迦南参观者帐篷内景

第十三章 后现代建筑作品举隅

图 161 康涅狄格州新迦南参观者帐篷外观

建筑系列——国外后现代建筑

图 162　康涅狄格州新迦南参观者帐篷一角

图 163　康涅狄格州新迦南参观者帐篷内景

第十三章 后现代建筑作品举隅

典主义"。约翰逊强调空间的"进程",可理解为一个身体在空间中行动时所感受到的空间想象和行为,这其实非常近似所谓"场所"感。与柯布西耶一样,约翰逊的复杂性还在他特别把建筑看成是雕塑,他们同是幻想家,同样热爱罗曼蒂克的崇高感。

纽约的"白派"建筑师理查德·迈耶(Richard Meier)从两方面接受了约翰逊的精髓即艺术鉴赏和历史观(见图167、图168、图169)。从某种意义上说,这种强调艺术手法的倾向说明约翰逊否定了现代主义建筑师的另一个信条"形式服从功能"(沙利文),他提出了"形式跟随形式"的强调建筑形式的手法化主张,强调了建筑形

图 164 米兰大教堂内景

建筑系列——国外后现代建筑

图 165　米兰大教堂局部

图 166　米兰大教堂全景

第十三章 后现代建筑作品举隅

式的独立价值——密斯曾认为形式比功能更永恒。约翰逊提出了非功能建筑（anti-useful building）才是建筑学的真谛，他明确提出："建筑是艺术"。正如柯布西耶认为"建筑是光线下对形式的表现"，约翰逊反对唯结构是从的建筑想法，认为结构不过是作为一种为形式服务的工具而已。约翰逊自称是传统主义，在历史上去挑拣他喜欢的东西，他说我们"不能不懂历史"；"要是我们身边没有历史，我就不能进行设计。"——这是地地道道后现代历史主义的观念。

事实上，约翰逊采用的不是纯历史主义而是历史主义与现代主义观点的折衷。比如他的作品：玻璃住宅、加登格罗夫社区教堂、戴德郡文化中心、美国电报电话公司总部、休斯敦大学建筑系馆。约翰逊的个人建筑史是从一个密斯式的现代主义方盒子走向后现代历史主义的发展演变史。早期玻璃住宅几乎近似密斯的作品风格，即钢框与玻璃的方盒子。但水榭（Pavilion）就变成了古希腊罗马风格的

卡纳尔电视广播公司大厦
设计：理查德·迈耶
（Richard Meier）

迈耶的建筑设计以"顺应自然"的理论为基础，表面材料常用白色，以绿色的自然景物衬托，使人觉得清新、脱俗。他善于利用白色表达建筑本身与周围环境的和谐关系。在建筑内部运用垂直空间和天然光线在建筑上的反射达到富于光影的效果。

新建的卡纳尔电视广播公司大厦的整体效果取决于一系列精致镶嵌工艺。其中最重要的是在临河一侧的墙体上采用了明快、半透明、不透光的白色玻璃做幕墙。玻璃幕墙全部采用了轻质铝框架。同时在声像节目制作中心临公园一侧也全部采用了玻璃幕墙。

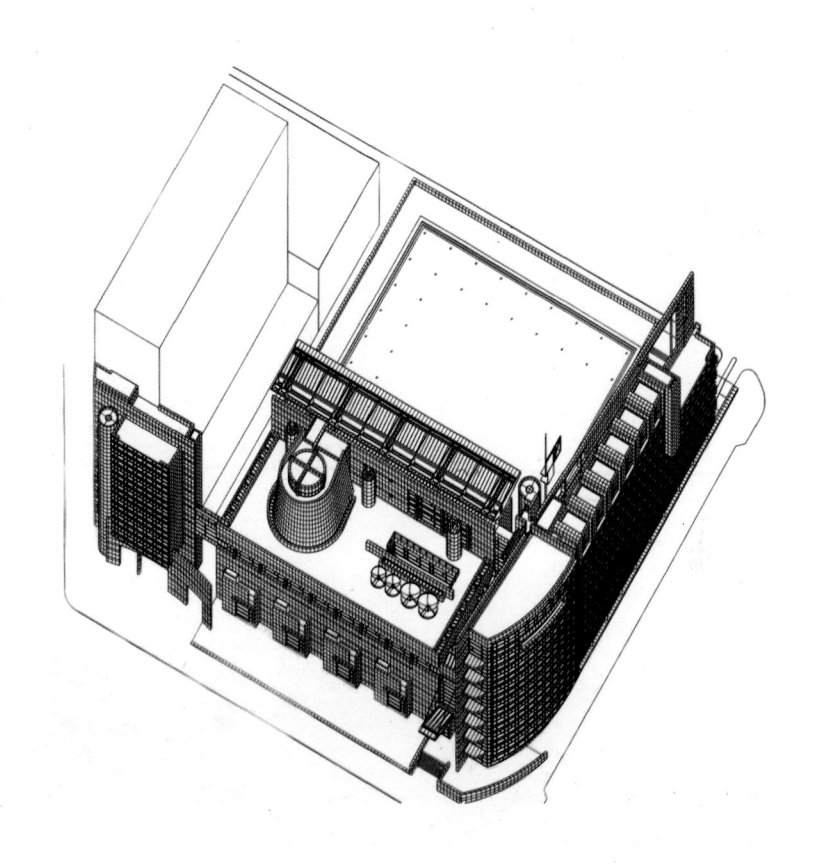

图 167　卡纳尔电视广播公司大厦平面图

建筑系列——国外后现代建筑

图 168　卡纳尔电视广播公司大厦外景

图 169　卡纳尔电视广播公司大厦外景

第十三章 后现代建筑作品举隅

"古典主义"了。柱式是巴德隆神庙的，半拱券是古罗马的。戴德郡文化中心（Dade County Cultural Center, Miami, Florida, 1977—1982）是一栋意大利风格的建筑：坡屋顶、拱门和方窗，令人想到意大利建筑师罗西和意大利城市风景。不过，约翰逊变化多端，克莱西科学中心（Kine Science Center, Yale University W-New Haven, 1965）则是一栋"现代"并不纯粹的建筑，具有一些赖特风格。但休斯敦大学建筑系馆（College of Architecture University of Houston, Houston, Texas, 1985）则是一个标准的后现代历史主义建筑作品，罗马与古希腊建筑被广为采用；清水砖墙、圆拱窗、坡屋顶、古希腊神庙山墙、柱式、意大利檐口等古典符号应用非常成功。但加登格罗夫社区教堂（Garden Grove Community Church, Garden Grove, California, 1980）则是用玻璃幕墙加赖特式平面构成的非历史主义建筑。他的现代主义风格作品还有潘索尔大厦，折衷主义建筑风格作品有美国电报电话公司总部，密斯遗风风格作品有旧金山加州大街101号大厦，中世纪哥特遗风风格作品除了前面提到的平板玻璃公司总部外，还有共和银行中心大厦，北欧风格的历史主义作品有旧金山加州大街580号大厦、达拉斯月形宫、芝加哥南拉塞尔大街190号大厦、时代广场中心等，这些建筑中大多使用的是现代主义历史主义的屋顶。

历史与怀旧是对现代主义和功能主义的反叛。应当说，在西方中心的文化圈中，他们强调的所谓历史就是古希腊、罗马哥特式中世纪和古典主义时代的建筑风格，这也可以解释成为一种西方人文主义传统。

历史主义在整个所谓后现代建筑中不占中心和主流位置。在众多不同程度的历史主义倾向的建筑师中，当代意大利建筑师阿尔多·罗西的性格更具艺术家气质，他的作品几乎全部都是用现代抽象、简化、几何化和纯粹的手法对古罗马的灵魂进行追忆；他的艺术家气质既具童心，又伤感地对古罗马城黄昏时分的梦呓般镜像的诗意进行写照，他的绘画式手稿表达了这一感受。

他对历史执著的眷恋，对古罗马传统纪念性建筑形态的灵魂的刻意追求，表现在他众多手稿和他对古典光影的借用的建筑作品中。他既是历史的又是乡土的，他是地道的古罗马诗人的当代幽灵。1966年，在他发表的《城市建筑学》中，他描写了他心中的历史，强调了传统形式在城市发展中的支撑作用；强调了传统形式对商业化与工业化的对抗；强调了在地方性历史中建筑语言的美学原理。

由于抽象、简化与几何原型的反复应用，罗西被称为是"新理性主义"。他对命运和黄昏、死亡的意识说明了他作品中的反理性或非理性气质；他对传统的说明和对进步的审视，正好说明了他主观的非理性因素；他执著于非理性的主题，就像有的评论家所指出的一样，他的焦虑，在他的纪念性建筑物上表达了相当主观的意识。他对几何原理的执著说明了他的"环状"思维，他用反复的主题表达了"人类心灵史上的重大事件"。

罗西是古罗马城的怀旧诗人，他的设计中整个主题或原型都来自古典文艺复兴时期的建筑造型，只是他用"现代"的更抽象、更简洁的方式处理了"帕拉蒂奥"（文艺复兴时期的建筑师）风格，用这些主题的连续构成了他的城市艺术。另外，在他的手稿和作品中，他还采用了穹顶檐口线角、山墙、梯道、柱廊、尖顶、石材或素混凝土墙"隐喻"了文艺复兴之灵，在他的新作和绘画中，我们可见到钟塔、尖顶、圆锥状、穹顶、人字山墙和大烟囱。从他的绘画手稿到建筑这些"母题"几乎全被几何化了、抽象化了。罗西的历史与人文精神就是这样体现的，这是罗西的城市形式，也是其精神的体现。罗西作品不过是遵循了城市这个文本的语境而形成的片断，是记忆与直觉的抽象而已。

文艺复兴中的古城是罗西建筑灵感的源泉，如果从精神病理学来说，罗西执著地表现烟囱和工厂废墟这几个反复、重复的主题确实令人难以理解。绘画与诗是罗西作为建筑师的两大特点，他通过这两种因素理解和表达了城市意象、联想，从而构成了他的特色。他热衷于一种"寂静"场所的表现，并体验了寂静中隐含的哲学、神秘、智慧和历史的内在含义。他设计的建于意大利热那亚的卡洛·菲利斯剧院（见图170、图171、图172），表现了文艺复兴的墙与檐口形式及古希腊文艺复兴的山墙、坡顶、石墙、柱式，是文艺复兴时代意大利宅第（塔楼）与巴德隆神庙的"拼贴"。这是一个"简化"了的文艺复兴时代的传统建筑。

建于法国的现代艺术中心（Center for Contemporary Art）、法国瓦西维埃（Vassiviere France）是以废弃工厂和烟囱作为主题的，表现了罗西的某种症候式偏爱，令人想到另一个同样游学过意大利并深受文艺复兴影响的美国建筑师格雷夫斯的废城、工厂、烟囱。这是后现代建筑师诗化了的"场所"对早期工业时代的怀旧。在现代

第十三章　后现代建筑作品举隅

卡洛·菲利斯剧院 构思草图
设计：阿尔多·罗西 (Aldo Rossi)

　　罗西的设计不仅为遭到毁坏的歌剧院创造出新的表演空间，而且在城市环境中重新树立起公共剧院的形象。

　　室内配合当代的科技要求作了全新的设计，贯穿底层的公共展廊依靠采光井提供日间照明，锥形的采光井穿过休息厅和办公室向上升起，最后，在屋脊线上形成了纤细的玻璃尖塔刺穿剧院的屋面。夜间，尖塔变作一个发光体，像灯塔般闪耀在港口的上空。

　　在屋脊的另一端，一座新的塔楼耸立在舞台上方。罗西将文艺复兴时期的剧院传统倒转过来，它的文学修辞式的戏剧性同时指涉了帕拉蒂奥和布莱希特。

图 170　卡洛·菲利斯剧院构思草图

主义批量生产或复制的图像中，人们越来越渴望寻找一些无中心的、不集中的、零散的、碎片的形象，这些形象如屈米在法国巴黎拉维莱特公园广场设计中，一反周边环境和场所给定的古典主义整一性、三段式和石材的"语境"、"文脉"，采用散落在草地上的零碎的、碎片式的金属框架构成的"建筑"，很像一个被放大了的空难或交通事故的现场，用"异"的话语完全地占有了这个著名的古典宫廷的广重场所，造成了一个具反讽、幽默、嬉戏式的建筑群落，以区别于古典的"伟大"、"静穆"、"崇高"、"中轴线"。屈米的"建筑"，如儿童游乐场一样零散、非中心化、小巧、热闹，具有波普风格，是建筑史上较极端的例子。后现代时代的图像越来越"平面化"，也就是视觉化、无深度化、表面化，或者是光、声、电、速度、集成电路化，越来越从宁静、心灵，思想演变成了热闹的、都市化的、外表的、肉体的、物质的形式化的声、光、电或人造材料的形体。

今天的城市中心高楼也开始用不同形式和造型来弥补"直线"与"单调"的非文化、反文化、无文化城市空间的不足，努力在功能满足的情况下用形式和造型给单调的、紧张的现代城市空间带来更多的"意义信息"。这里我选择了活跃在当今世界的美国KPF设计合作小组的高层建筑供大家欣赏，以了解当今高层建筑在造型上、风格上的变化，从中我们可见到人类对高空空间的追求与向往情结已发生了什么变化。我们称这些作品为后现代的巴比伦塔。美国KPF设计合作小组在商业上极为成功，所谓KPF是这个小组几个主要合伙人名字的第一个字母(见图173、图174、图175)。

图 171　卡洛·菲利斯剧院外景

第十三章 后现代建筑作品举隅

图 172 卡洛·菲利斯剧院构思草图外观

建筑系列——国外后现代建筑

图 173 中日上海世界金融中心方案裙房

第十三章 后现代建筑作品举隅

图 174　Westedn Str.1银行总部大厦外观

建筑系列——国外后现代建筑

图 175 汉城广播中心室方案

结 语

后现代建筑的表述困难

"后现代"是一个无中心的时代,这个时代没有一个明晰的起点(在西方大约这种社会的"变异"的时间是20世纪50年代末到60年代),也没有终点,现在正在蔓延。作为一个社会全局性文化变异,这种文化现象是全面的、没有边沿的。

这个时代的建筑也没有明晰的流派之说,许多建筑师兼顾多种风格,交叉、混合、折衷,不能分辨出他们是新古典、新现代、历史主义、乡土派、高技派、生态主义、绿色主义、低级、波普、解构或结构(见图176、图177、图178)。而用来描述这个时代的概念用语也难以准确,所以后现代是一个暧昧的时代,它是现代文化的延伸,是对现代的批判,或批判的继承,或全盘否定,但可以肯定后现代不是一种"主义"。如果说现代主义是基于工业革命大机器生产基础之上的话,后现代则是基于电子工业引来的资讯社会之上的,后现代正是我们面对的、生存中的时代。

后现代建筑的碎片式状态使批评家们感到对其特征难以表述,批评家们试图用抽象的语言面对我们感到陌生的当今建筑实践的事实:

拒绝解读／拒绝用象征、隐喻／感生／互文性／粗鄙化／反讽／戏拟／表演／碎片性／悖论和杂语／即兴(偶发)／反崇高／亵渎／反叛成规／激进的语言行为大于思考／通俗／平民人格／解构／超现实／破坏等级／排他性／为自己写作／私语化／后现代性／无聊／纯粹语言形式／能指式／怀疑自我／绝望／虚无／表面／平面化(无深度)／无思想／无意义／零散化／现在／共时性／现象／无言写作／无叙述拼贴／无终极关怀／零度写作／个体意识／放逐与被放逐／漂泊／流浪／无家可归／不可读性／中间状态／非确定性／反逻辑／能指游戏／差异写作／偏离／播散／(非理性)身体／物化／还原／弥散／语感、话语／错位、分裂……

这是一个很长的游戏规则式的描述,它们互为包含、交叉,又互为消解,各说不一,又各有偏重。有诸多特征还难以表述,因为后现代建筑实践本身也具有反表述、反概括、反理论化、反认识的姿态,这些描述只能说是一个散点透视般的方位性描述。

总而言之,这些不同的先锋姿态都是针对体制化了的文化的某些特征而言的,比如针对传统与体制文化的象征／意义／文化／深度／人文热情／逻辑／理性／知识／思想／希望／理想／终极关怀／语义／所指／意象／中心／语法／整一／可读性／崇高／故事／结构／线性时间／历史／集中／清晰／机器／准确／精确／功能,等等。总

结语 后现代建筑的表述困难

英国伦敦之晨电视台
设计：特里·法雷尔 (Terry Farrell)

特里·法雷尔是英国当代著名建筑师之一，他的都市主义建筑哲学在国际建筑界独树一帜。法雷尔设计了许多有世界影响的建筑和城市作品，遍布世界许多国家和地区，其中很多都成为当地的标志性建筑，产生了广泛的影响。如伦敦泰晤士河畔的沃克斯豪交叉口大楼、堤岸大厦、爱丁堡国际会议和展览中心，香港的凌霄阁、九龙火车站等建筑，其中沃克斯豪交叉口大楼和堤岸大厦被认为是伦敦中心最近几十年中最复杂、技术要求最高的建设项目。

之，是非理性对理性的叛逆。从某种意义上说，建筑师在解构对象的同时，也解构了自己。从而，我们面对的是一幅拼贴杂乱的破碎的镜像，这个自我镜像犹如初生婴儿在认识世界的同时也在认识自我一样。

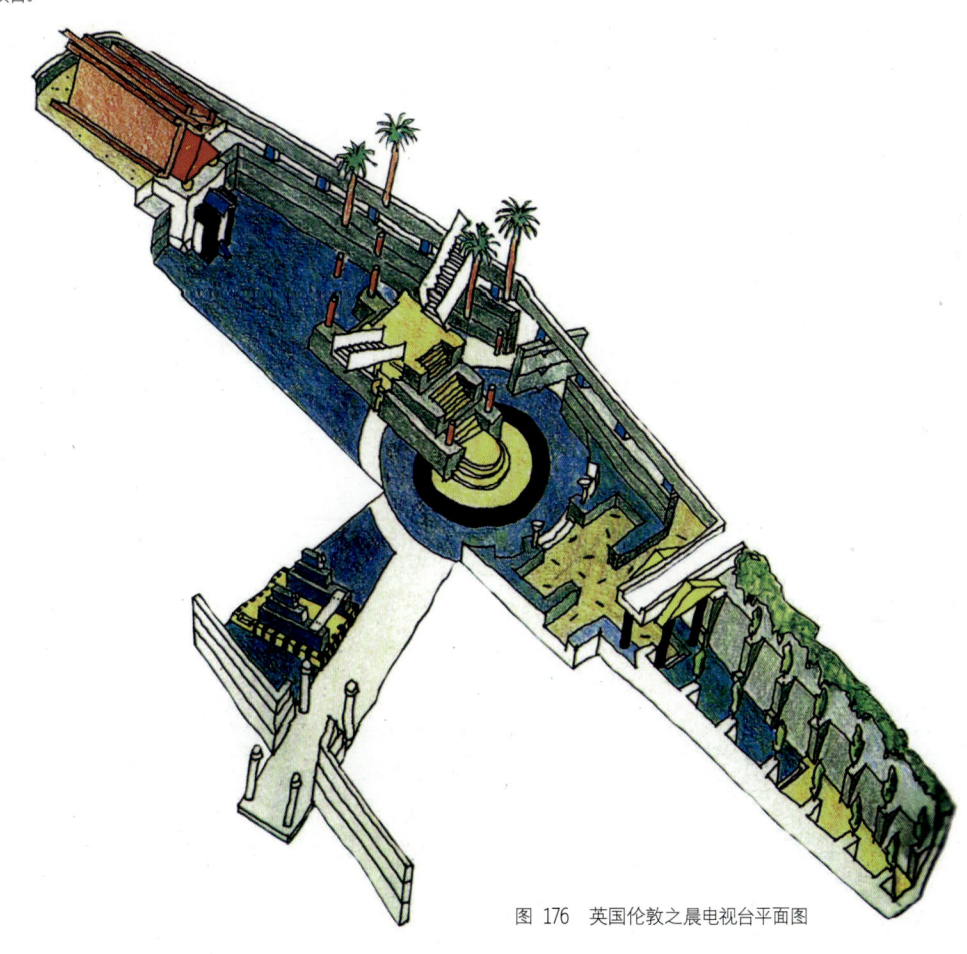

图 176　英国伦敦之晨电视台平面图

建筑系列——国外后现代建筑

图 177　英国伦敦之晨电视台一角

结语 后现代建筑的表述困难

图 178 英国伦敦之晨电视台一角

附 录

大师作品草图集

理查德·罗杰斯

理查德·罗杰斯，英国著名建筑师，高技派的重要代表人物。他于1933年出生于意大利佛罗伦萨，先后在伦敦建筑学会和美国耶鲁大学学习建筑。1963年他与诺曼·福斯特等人成立"四人小组"，1977年成立了罗杰斯事务所。

罗杰斯早期曾受路易斯·康的影响，尤其是在空间的处理方法上。同时，他还运用高技术手段，大量运用外露的钢铁、玻璃和管道设施。没有屋顶和地板，也没有了连接部分和入口，而这些都是先驱建筑师们包括罗杰斯所着重表现的建筑元素。此外，他还运用一种装饰的手法来使用技术和结构，使他的建筑带有浪漫主义的色彩。

与福斯特合作设计的香港汇丰银行、与意大利建筑师皮阿诺共同设计的巴黎蓬皮杜艺术和文化中心是罗杰斯的得意之作，也堪称高技派的代表作。他的其他代表作有：伦敦劳埃德大厦、洛伊德保险公司总部、欧洲人权法院、伦敦第四频道电视台总部等。

附录　大师作品草图集

劳埃德大厦　　设计：理查德·罗杰斯

建筑系列——国外后现代建筑

Coin街　　设计：理查德·罗杰斯

附录　大师作品草图集

希斯罗机场第五候机楼　　设计：理查德·罗杰斯

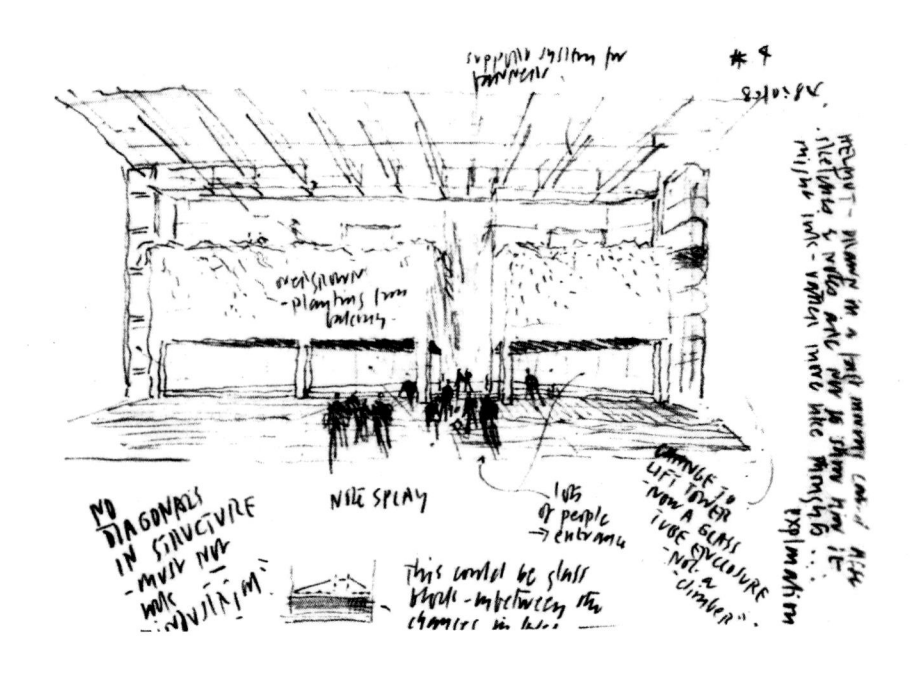

建筑系列——国外后现代建筑

法国卡里艺术馆草图A　设计：理查德·罗杰斯

法国卡里艺术馆草图B　设计：理查德·罗杰斯

附录　大师作品草图集

波尔多法院　　设计：理查德·罗杰斯

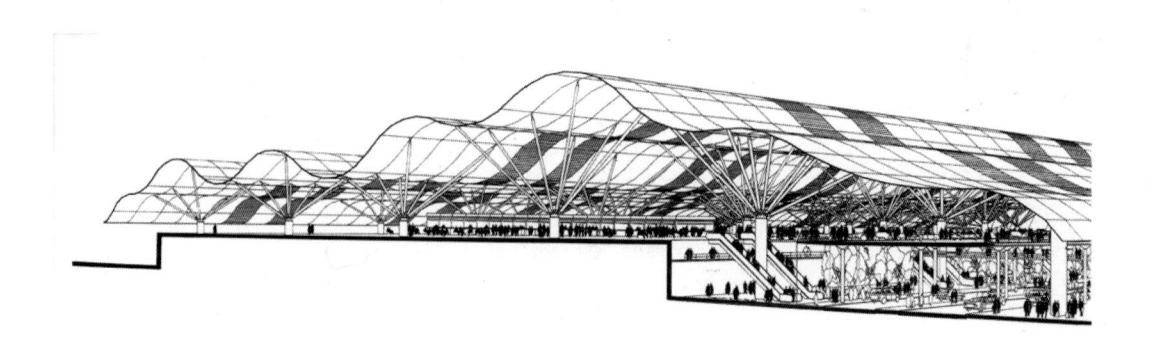

伦敦构想　　设计：理查德·罗杰斯

建筑系列——国外后现代建筑

诺曼·福斯特

诺曼·福斯特于1935年出生在曼彻斯特，1961年自曼彻斯特大学建筑与城市规划学院毕业。福斯特青年时，在他的教师切马耶夫那里学习以技术为基础的现代主义建筑，后来又研究"高技派"之父拜克明斯特·富勒的轻质金属悬吊结构、密斯·凡·德·罗以及其他高技派建筑师的作品，为他成为高技派领军人物奠定了坚实的基础。1967年，福斯特成立了自己的事务所，并将美国的新技术带入自己的设计当中，如著名的香港汇丰银行建筑、新德国国会大厦等。自1991年以来，诺曼·福斯特获得了大量奖项，如密斯·凡·德罗奖的欧洲建筑大奖、法国建筑协会金奖、美国艺术与文学学会阿诺德·W.布伦纳纪念奖、美国建筑师协会1994年建筑金奖等。1999年荣获第21届普利兹克建筑大奖。

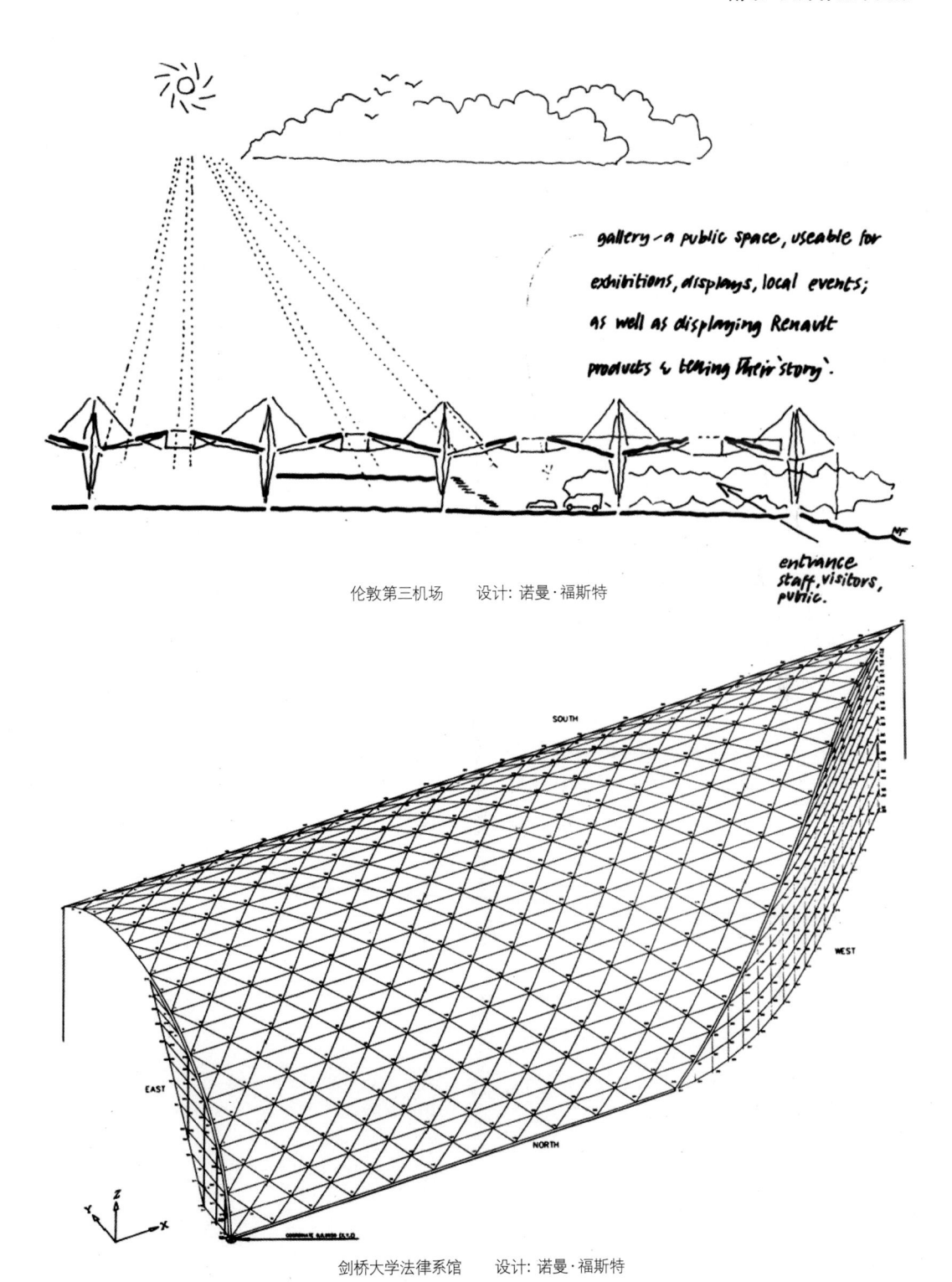

附录 大师作品草图集

> gallery - a public space, useable for exhibitions, displays, local events; as well as displaying Renault products & telling their story.
>
> entrance staff, visitors, public.

伦敦第三机场　　设计：诺曼·福斯特

剑桥大学法律系馆　　设计：诺曼·福斯特

215

建筑系列——国外后现代建筑

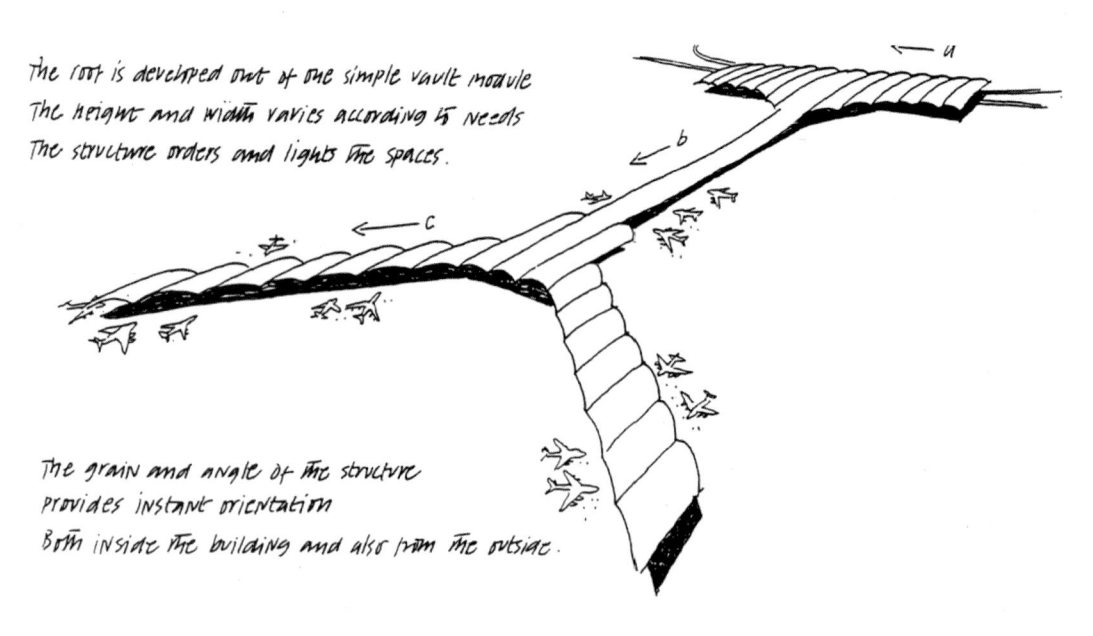

The roof is developed out of one simple vault module
The height and width varies according to needs
The structure orders and lights the spaces.

The grain and angle of the structure
provides instant orientation
Both inside the building and also from the outside.

香港新国际机场　　设计：诺曼·福斯特

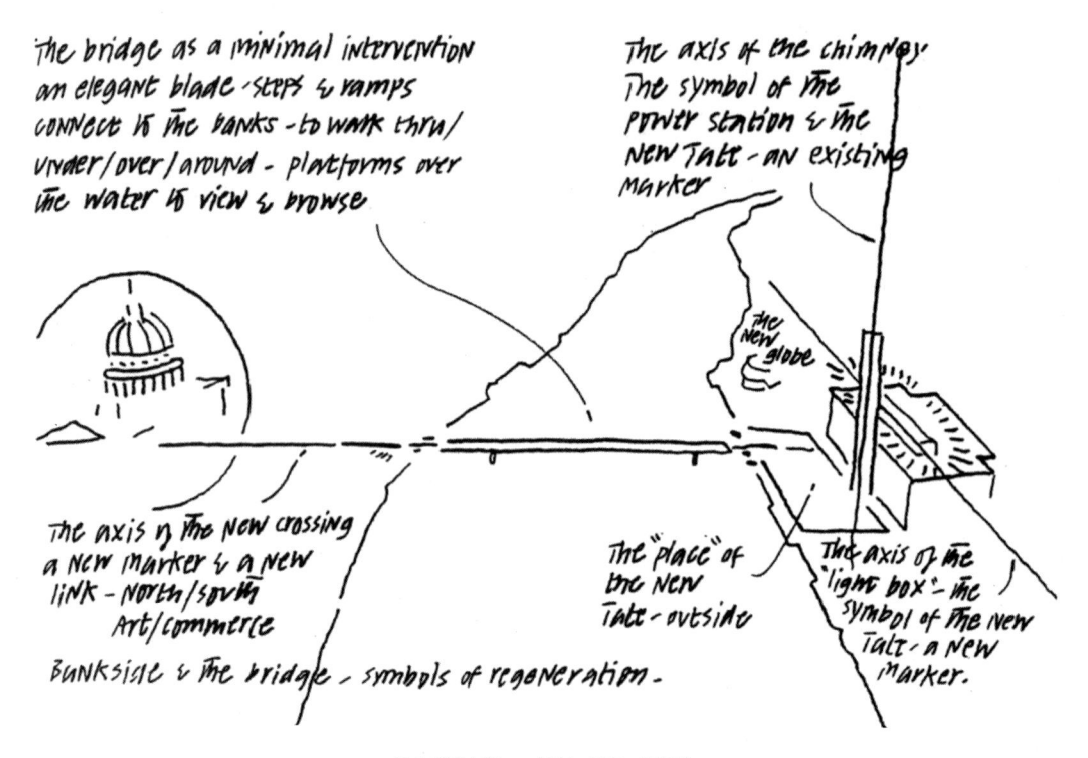

the bridge as a minimal intervention
an elegant blade - steps & ramps
connect to the banks - to walk thru/
under/over/around - platforms over
the water to view & browse

The axis of the chimney
The symbol of the
power station & the
New Tate - an existing
marker

the new globe

The axis of the new crossing
a new marker & a new
link - North/South
Art/commerce

The "place" of
the new
Tate - outside

The axis of the
light box - the
symbol of the New
Tate - a new
marker.

Bankside & the bridge - symbols of regeneration.

日本千禧大桥　　设计：诺曼·福斯特

216

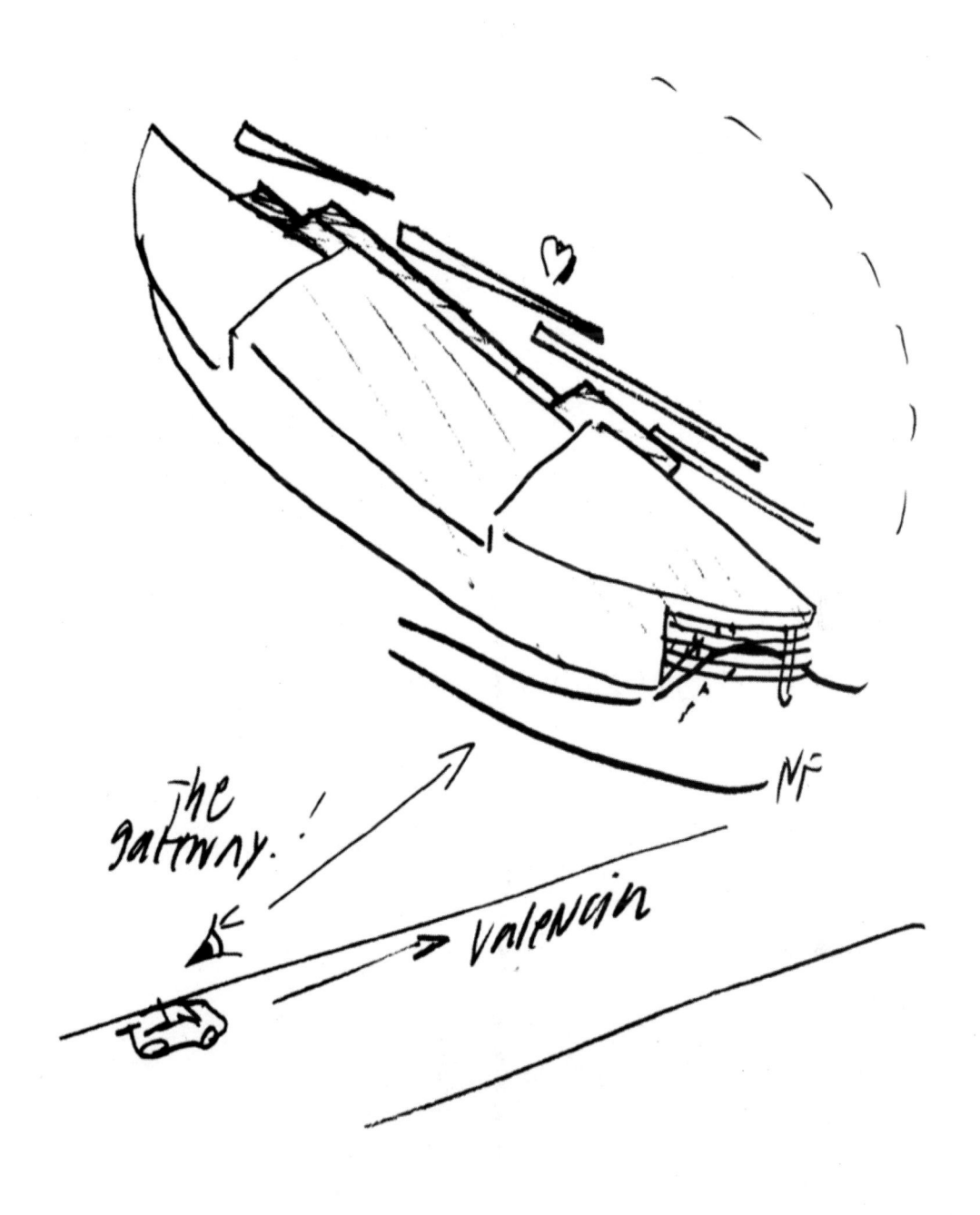

西班牙国会中心　　设计：诺曼·福斯特

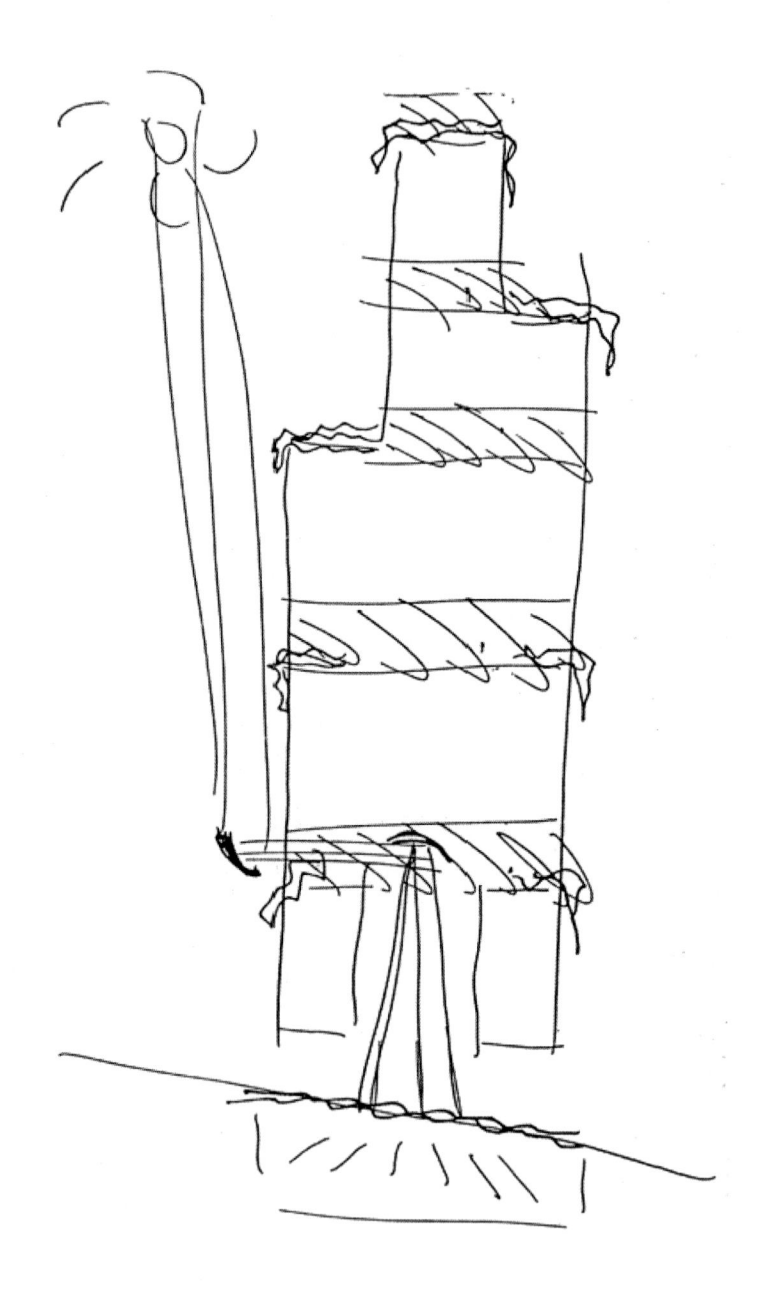

建筑系列——国外后现代建筑

香港汇丰银行　　设计：诺曼·福斯特

附录 大师作品草图集

伦佐·皮亚诺

伦佐·皮亚诺(1937—),意大利热那亚人,1964年毕业于米兰工业大学建筑学院。后来加入路易·康、Z.S.马科乌斯基等多位现代建筑大师的事务所工作。1970年,他与理查德·罗杰斯合作,成立了皮亚诺·罗杰斯(Piano Rogers)设计事务所,并成功地完成了蓬皮杜中心的建筑设计工作,随后,他又与彼得·赖斯合作设计建筑。1982年,皮亚诺同时在热那亚与巴黎建立事务所,并设计了日本关西机场、梅尼尔珍藏品美术馆等高科技风格建筑。1998年,皮亚诺获得了普利兹克建筑奖。

发明、创新、突破始终是皮亚诺向空间"维度"探索的法宝,他"敢于打破常规,并坚定地使之付诸实现,你会发现,你的设计已不受任何限制,并达到自由自我的境界"。同时,他还注重建筑艺术、技术以及建筑周围环境的结合。

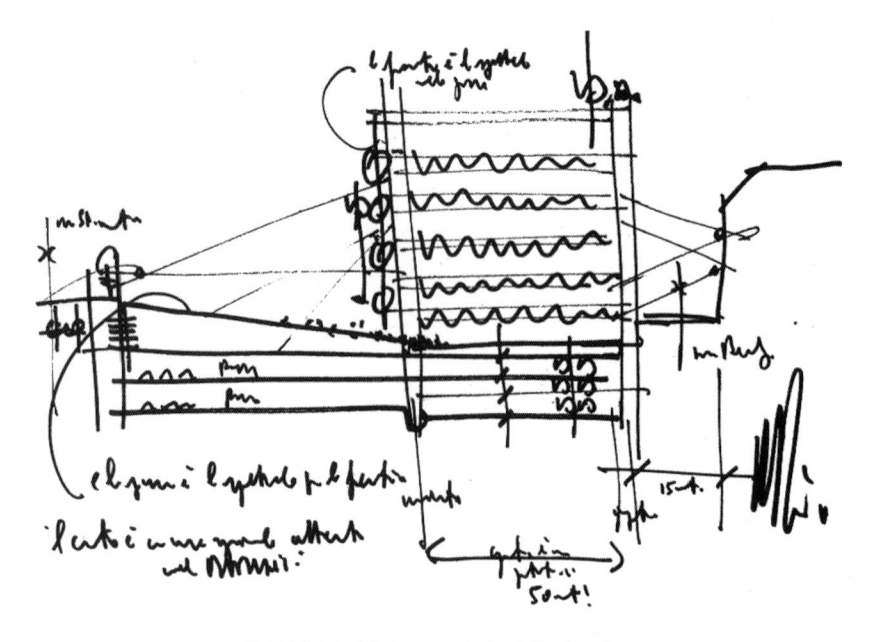

蓬皮杜艺术与文化中心　　设计：伦佐·皮亚诺

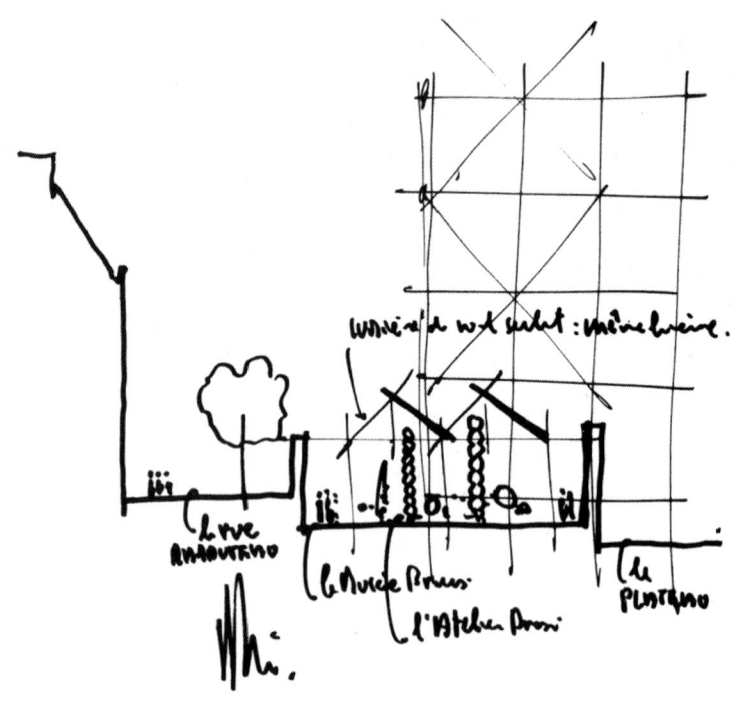

Brancusi雕塑室　　设计：伦佐·皮亚诺

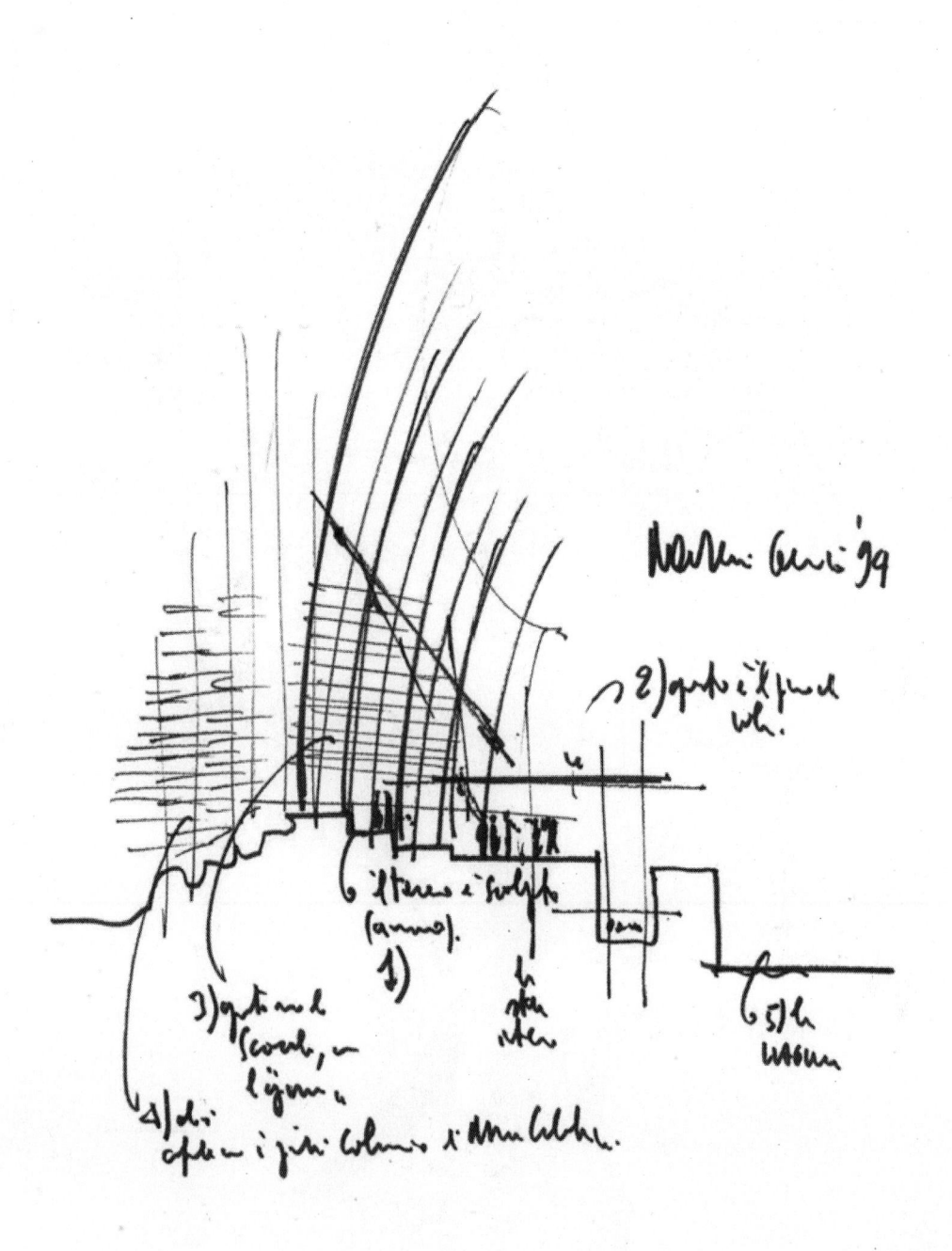

附录　大师作品草图集

芝贝欧中心　　设计：伦佐·皮亚诺

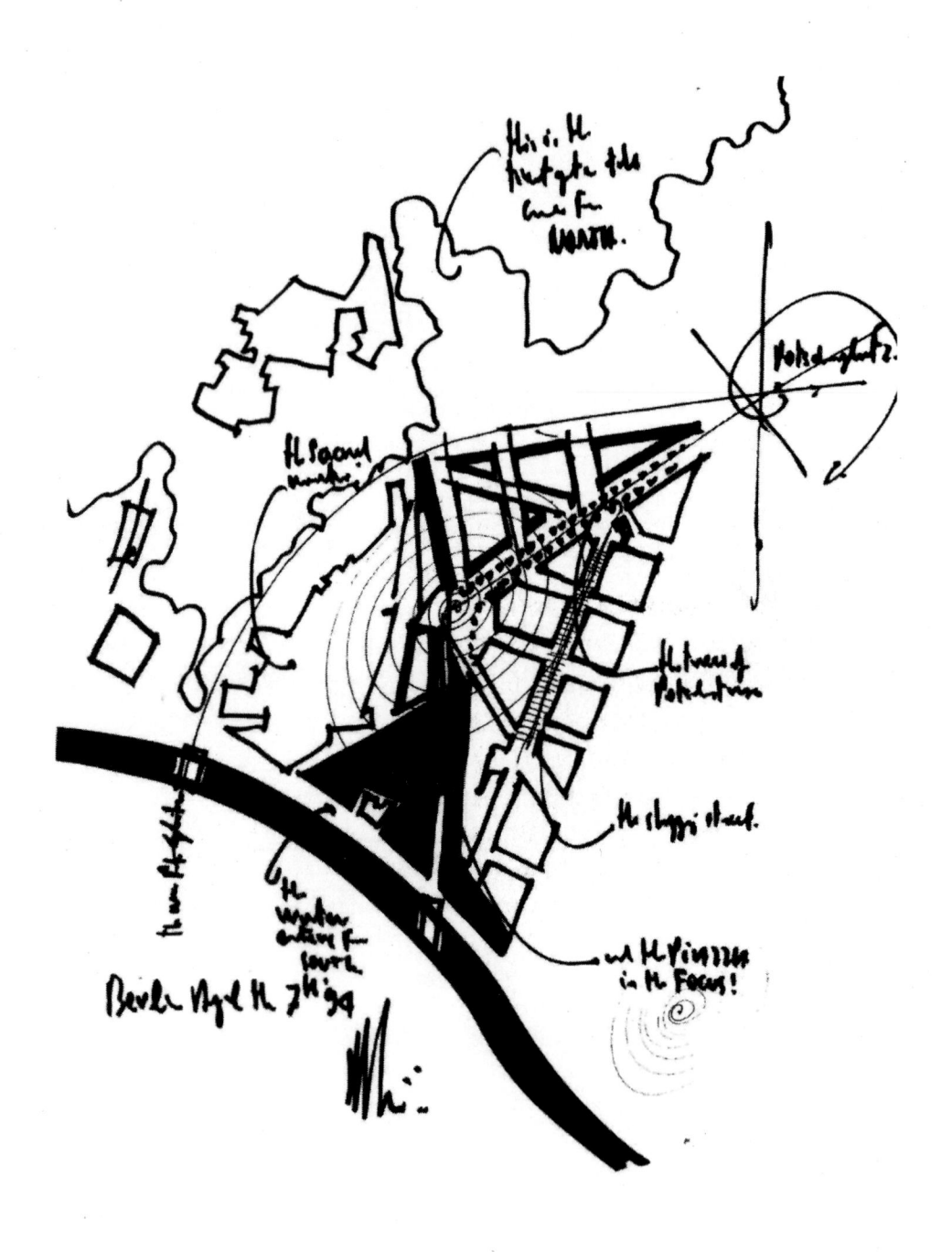

建筑系列——国外后现代建筑

波茨坦广场　　设计：伦佐·皮亚诺

附录　大师作品草图集

托马斯·赫尔佐格

托马斯·赫尔佐格是德国著名的建筑师和建筑学教授。现任德国慕尼黑工业大学建筑系主任。他以关注技术、注重生态而享誉国际建筑界。

他于1941年出生于德国慕尼黑，1965年获慕尼黑建筑工业大学建筑硕士学位，1971年创建自己的事务所，并开始与设计师德梅隆合作。自20世纪70年代以来，他致力于生态建筑设计，在理论与实践方面均取得了丰硕的成果，在国际上被视为20年以来在太阳能建筑和建筑革新领域内的开拓者。他通过发展最佳气候技术条件下的建筑物的立面设计，综合太阳能的融入，有效地运用了建筑材料而大幅度降低了不可再生能源的使用，成功地把美学、技术以及功能性典范地融入到建筑中，从而形成了他独特的建筑风格。

他的建筑作品具有很高的工艺技术水平，体现了德国人讲究技艺、精益求精的传统。

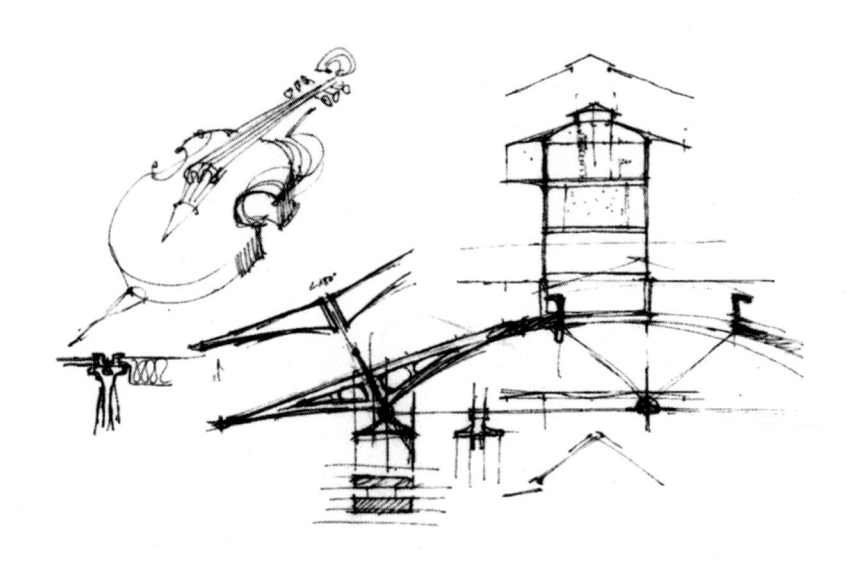

住宅A　　设计：托马斯·赫尔佐格

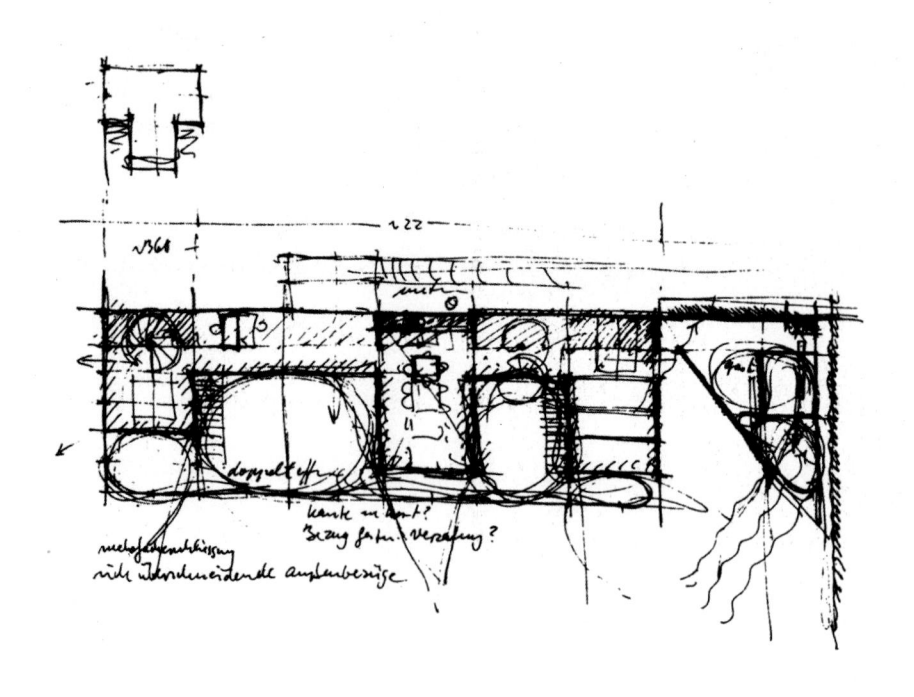

住宅B　　设计：托马斯·赫尔佐格

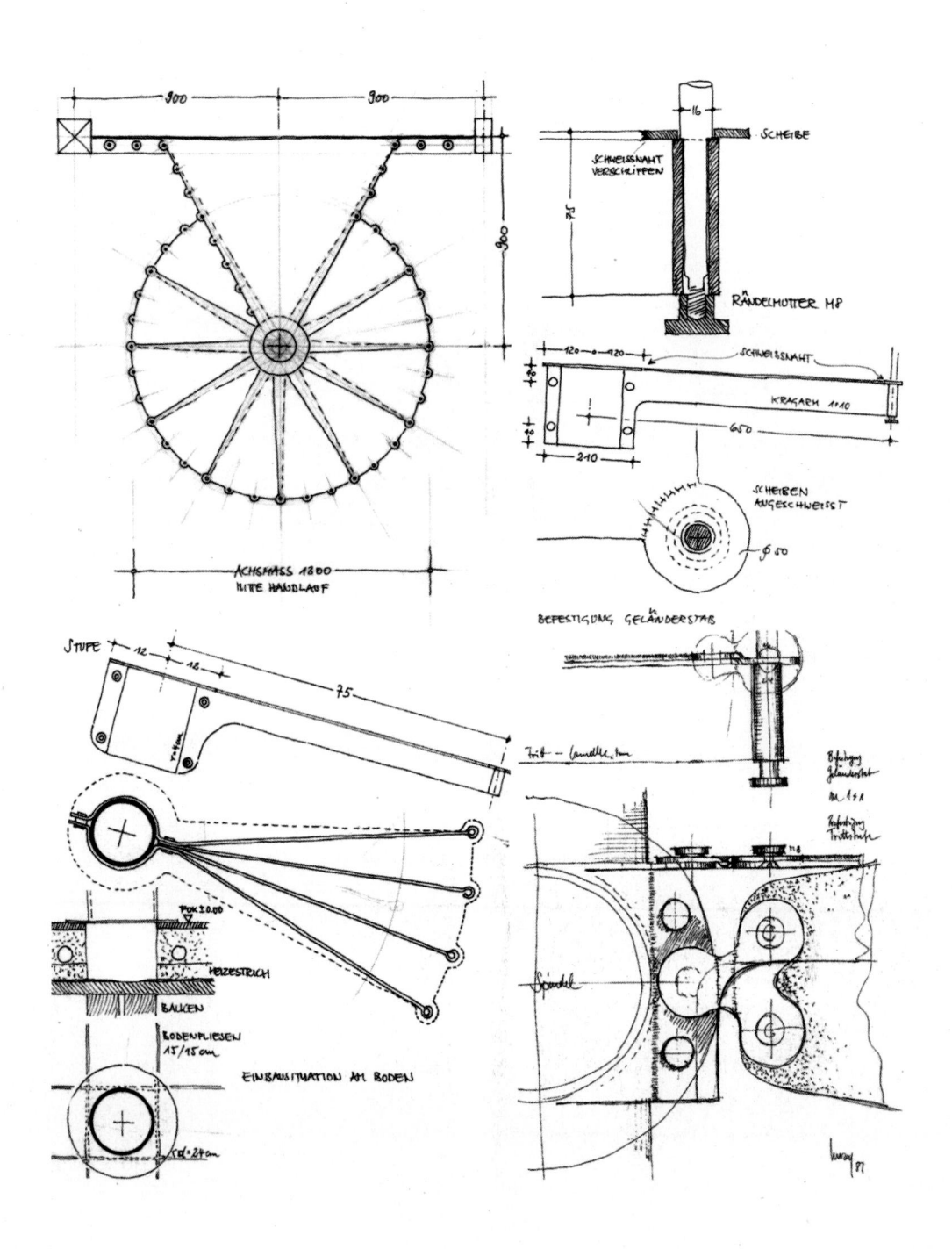

附录 大师作品草图集

楼梯　　设计：托马斯·赫尔佐格

225

建筑系列——国外后现代建筑

阿尔多·罗西

阿尔多·罗西(1931—1997),国际知名的建筑师。他出生于意大利米兰,大学毕业后曾从事设计工作,做过建筑杂志社的编辑,当过教授。阿尔多·罗西的作品非常丰富,如林奈机场、卡洛·卡塔尼奥大厅、意大利佩鲁贾社区中心大厦、烟囱、巴西集合住宅草图、意大利博戈里科市政大厅房顶、意大利热那亚市政歌剧院、广场饭店等。

罗西1966年出版著作《城市建筑》,将建筑与城市紧紧联系起来,提出城市是众多有意义的和被认同的事物的聚集体的概念。罗西的设计作品最大的特点,就是表现"类型学"和"类似性"的建筑观点。

罗西在20世纪60年代将现象学的原理和方法用于建筑与城市,在建筑设计中倡导类型学,要求建筑师在设计中回到建筑的原形去。它的理论和运动被称为"新理性主义"。罗西在他的建筑创作中喜欢用精确而简单的几何形体。其最得意之作是他1979年在威尼斯双年展上设计了威尼斯世界剧院。

附录　大师作品草图集

那波利大新世界草图　　设计：阿尔多·罗西

建筑系列——国外后现代建筑

那波利大新世界草图　　设计：阿尔多·罗西

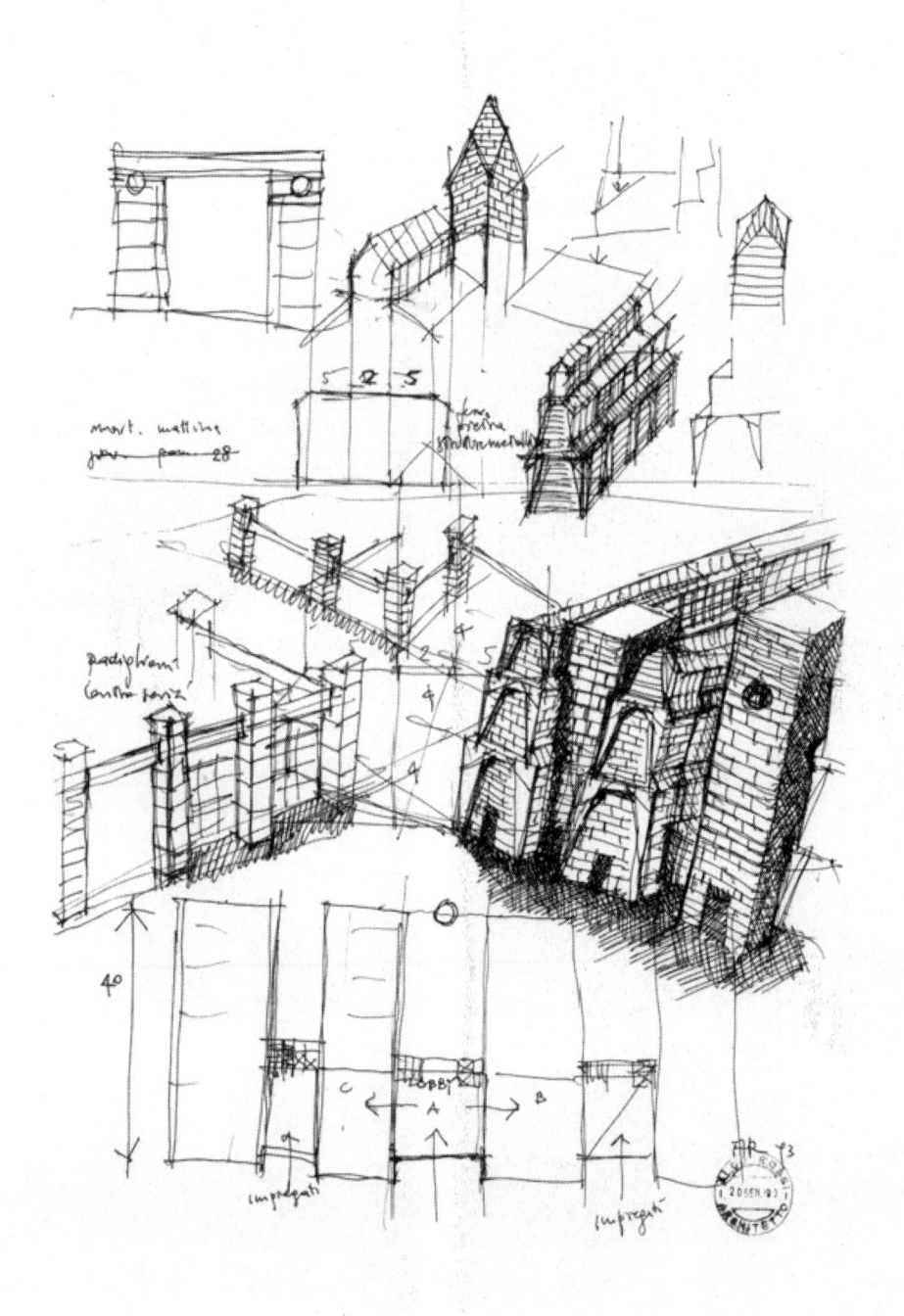

附录 大师作品草图集

科学公园　　设计：阿尔多·罗西

建筑系列——国外后现代建筑

菲利普·萨顿·考克斯

菲利普·萨顿·考克斯,澳大利亚建筑师,1939年出生于澳大利亚,1962年毕业于悉尼大学并获得建筑学学士学位。1963年,考克斯在建筑师伊恩·麦凯的事务所工作,开始了他的建筑生涯,并于1967年成立了自己的建筑事务所。

1993年,在悉尼取得2000年奥运会承办权之前,考克斯被国际奥林匹克委员会授予"建筑与运动"奖,成为国际上第一位被奥委会正式认可的建筑师。同年,他还获得建筑10年奖、澳大利亚皇家建筑师学会荣誉奖、优秀集合住宅一等奖、城市设计奖等许多奖项。他还是澳大利亚皇家建筑师学会终身会员、美国建筑协会荣誉资深会员。

菲利普·萨顿·考克斯的作品曾在法国巴黎、意大利威尼斯、匈牙利布达佩斯等许多城市举办展览。

附录　大师作品草图集

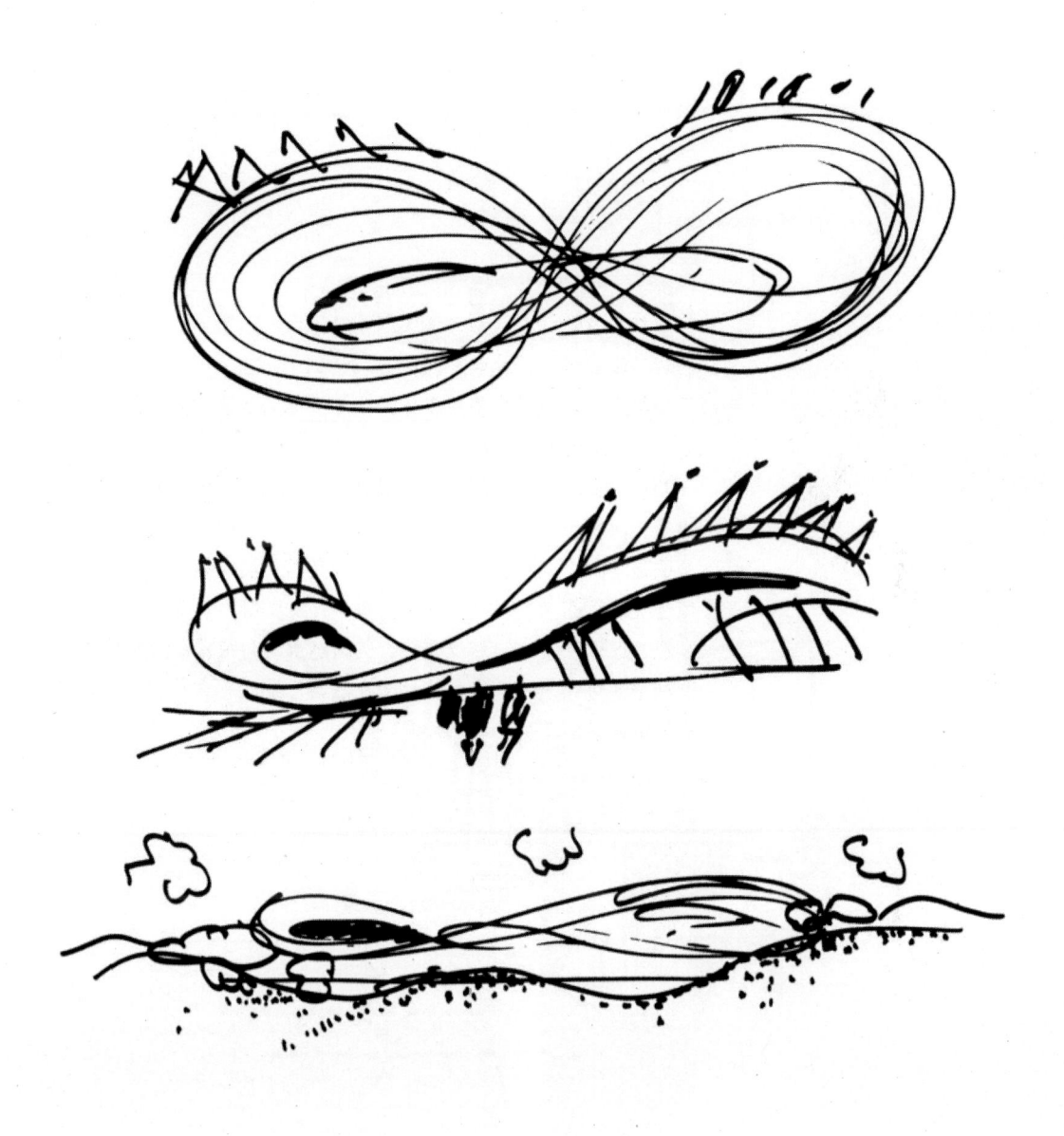

悉尼足球场　　设计：菲利普·萨顿·考克斯

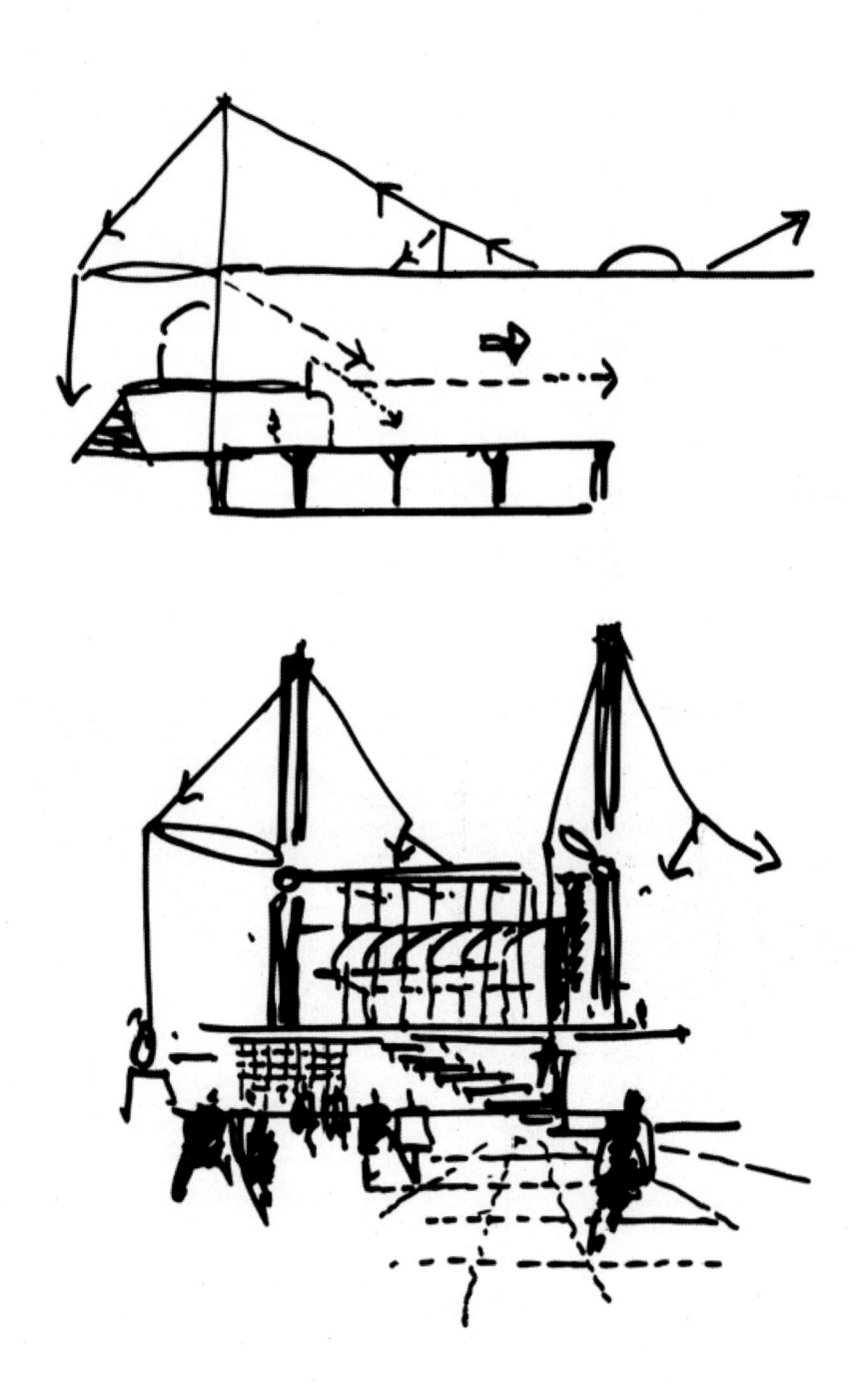

建筑系列——国外后现代建筑

悉尼展览中心　　设计：菲利普·萨顿·考克斯

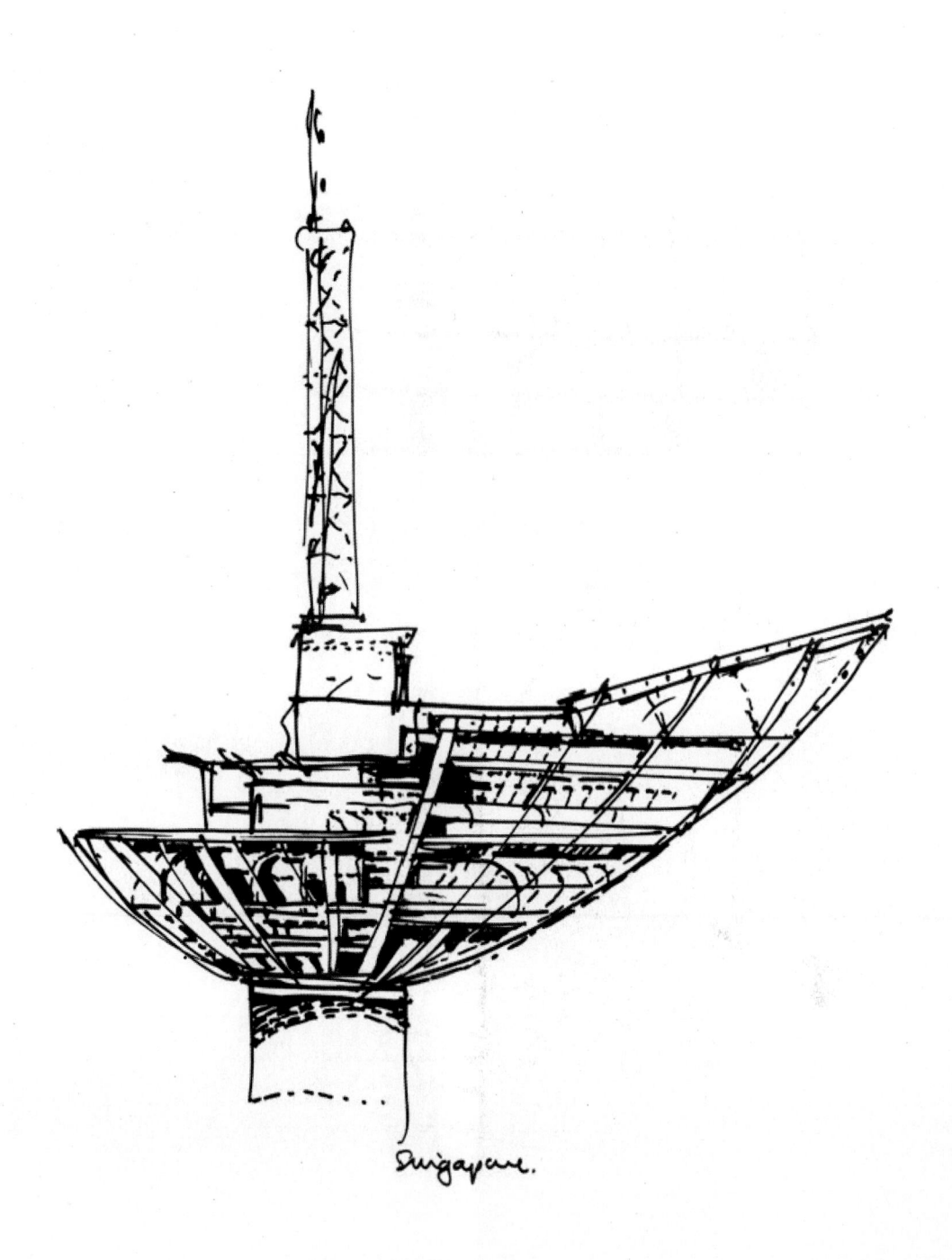

附录　大师作品草图集

新加坡电信塔　　设计：菲利普·萨顿·考克斯

建筑系列——国外后现代建筑

澳大利亚国家航海博物馆　　设计：菲利普·萨顿·考克斯

附录　大师作品草图集

马里奥·博塔

马里奥·博塔（1943— ）是提契诺学派的主要代表人物，他于1943年出生于瑞士提契诺，这里也是地中海文化与欧洲文化的交汇地。后来，他在瑞士卢加诺（Lugano）跟随加洛尼（Carloni）学习建筑设计。1965年，在柯布西耶事务所从事实际的建筑设计工作。1969年毕业于威尼斯建筑大学，1970年，他在卢加诺创建了自己的办公室。后来，又追随路易·康参加建筑实践，并在多家著名建筑事务所工作过。其作品将欧洲手工艺传统、历史文化的底蕴、提契诺的地域特征以及时代精神完美地融合在了一起。博塔设计的建筑极其具有创新意识，他所创造的很多表现手法，都被广泛地模仿和应用。

博塔对环境有极强的洞察力，其作品常根据不同的环境条件而展现不同的优势。其早期作品仅局限于瑞士，但也赢得了世界声誉，后期作品逐渐接受了后现代时期的风格。作为提契诺学派的主要代表，他的作品总是着眼于与特殊地方直接相关的问题，他在类型层面对提契诺景观文化进行了隐喻和解释性地使用。

建筑系列——国外后现代建筑

新蒙哥诺教堂　　设计：马里奥·博塔

圣阿波斯图罗教堂　　设计：马里奥·博塔

附录　大师作品草图集

哥塔多银行　　设计：马里奥·博塔

犹太人遗产中心　　设计：马里奥·博塔

建筑系列——国外后现代建筑

安藤忠雄

　　安藤忠雄是世界一流的建筑大师，也是当今最为活跃、最具影响力的日本建筑大师之一。他被誉为"清水混凝土诗人"，也是一位从未接受过正统的科班教育、完全依靠本人的才华禀赋和刻苦自学而成才的设计大师。他于1941年出生于日本大阪府。1969年成立安藤忠雄建筑研究所。他的设计作品获奖颇多，1975年完成的"住吉的长屋"获日本建筑学会年度大奖，1983年神户六甲集合住宅获日本文化设计奖。曾在哈佛大学、耶鲁大学、哥伦比亚大学任客座教授，1997年始任日本东京大学教授。1995年，获得建筑界最高奖项普立兹克建筑奖。

　　他的主要作品有：大阪府茨木市光之教堂，水之教堂，直岛美术馆，京都府立陶板名画庭园、大阪飞鸟历史博物馆，兵库县立美术馆等。

附录　大师作品草图集

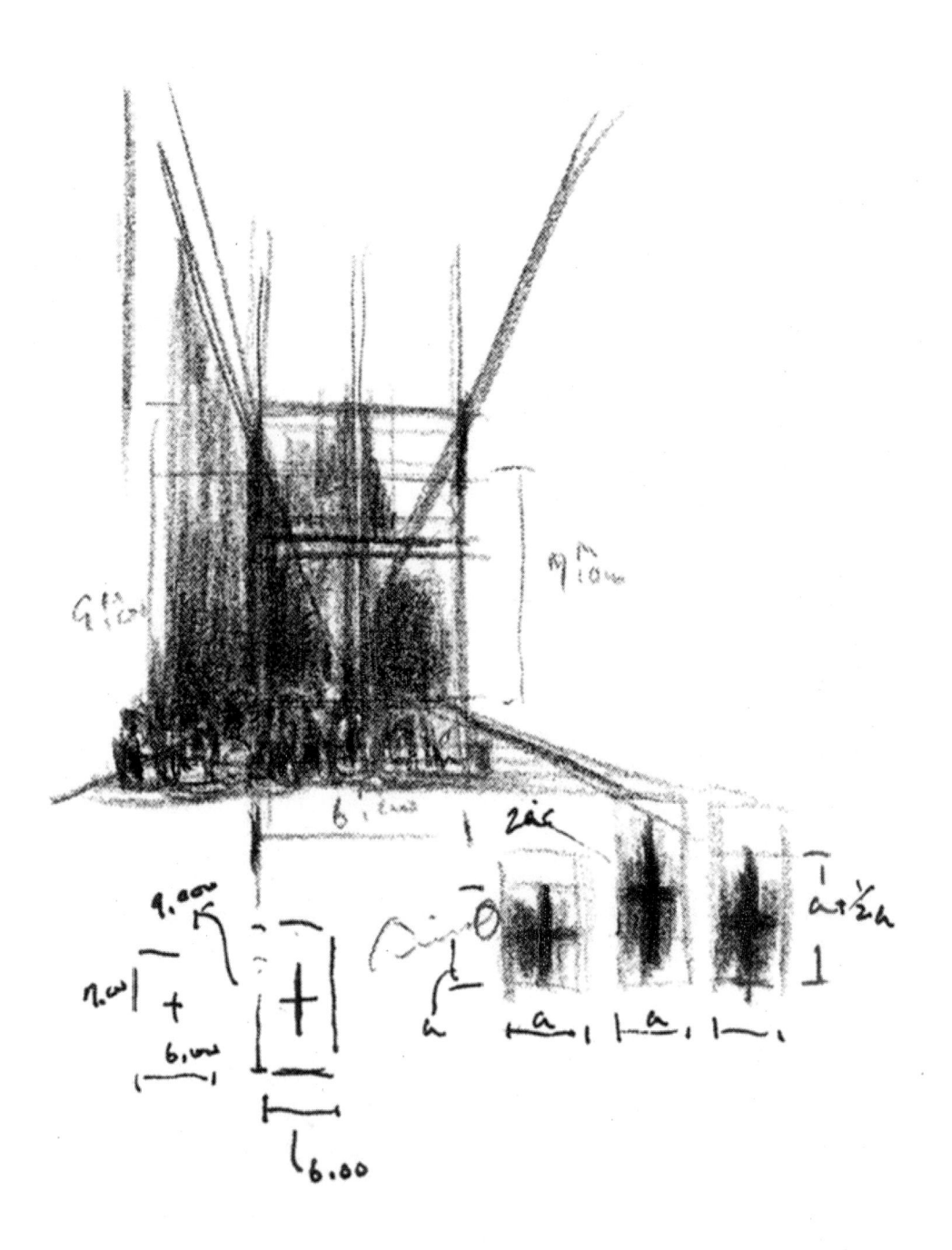

光之教堂　　设计：安藤忠雄

建筑系列——国外后现代建筑

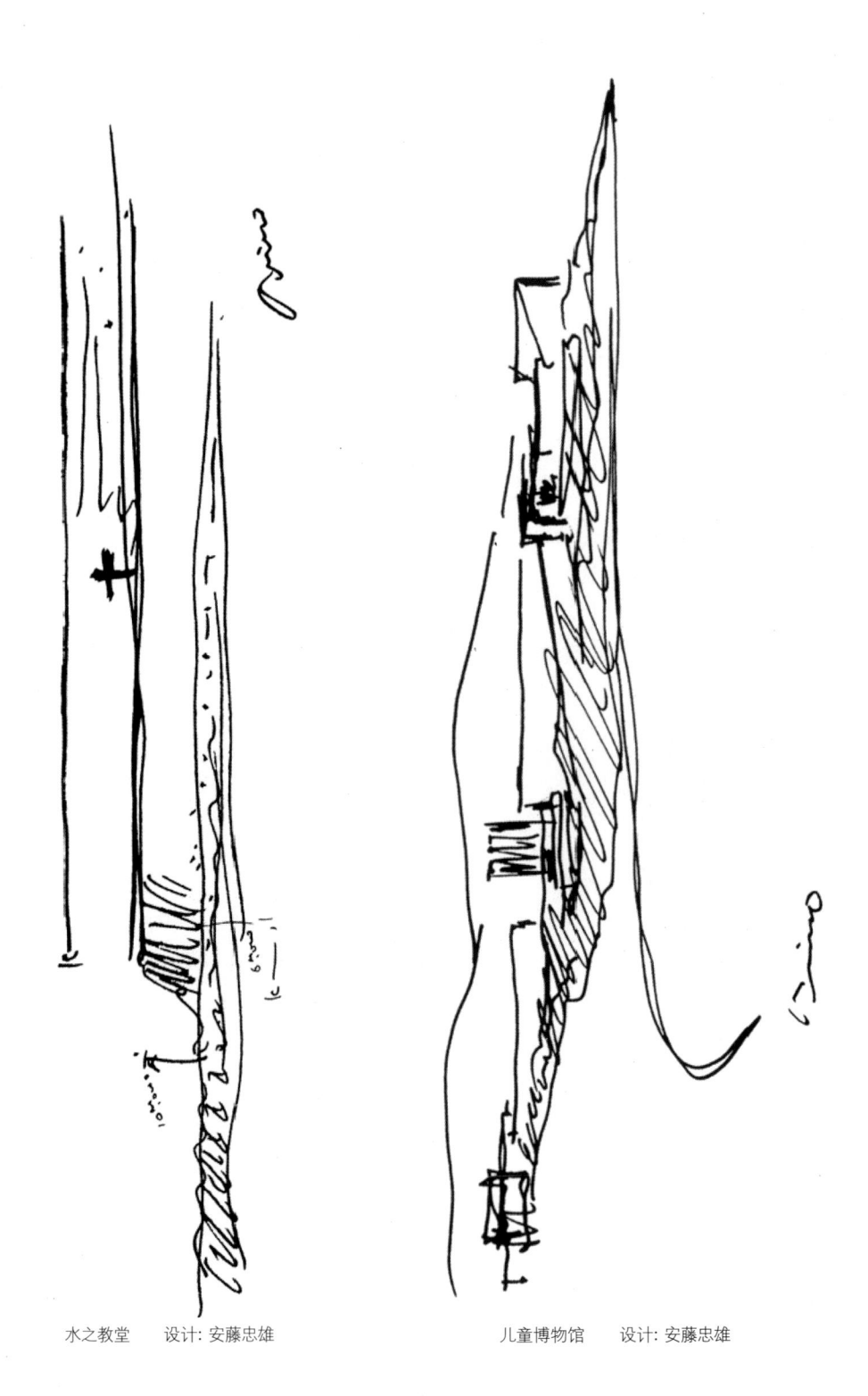

　　　水之教堂　　设计：安藤忠雄　　　　　　　儿童博物馆　　设计：安藤忠雄

附录 大师作品草图集

丹·凯利

丹·凯利1912年出生于美国波士顿近郊的小镇若克斯拜瑞，2003年去世。1931年进入有名的瓦伦·曼宁德设计事务所，接触到了欧洲的古典园林艺术。1936年进入哈佛研究生院，系统学习园林设计，大量汲取了东方与欧洲传统园林艺术的精华，并将传统与现代有机结合起来。

丹·凯利是一位多产的建筑师，他的作品逐渐为大众熟悉。对米勒庄园的设计，是他的设计生涯中最大的一次突破。1963年，他发表了《自然：设计之源泉》一文，这标志着凯利设计思想的成熟。1997年，他被授予美国国家艺术勋章，是首位获得此荣誉的园林设计师。

他早期的作品带有很多历史元素，反映了他扎根于历史中的对自然秩序的精神追求。凯利后期的作品体现了人对自然应有的尊重，并流露出浓厚的结构主义韵味。他在园林设计上取得的成就应归功于他执著的信念，他在三维空间中向我们展现了连续而清晰的有序几何形体。他的作品有：米勒庄园、喷泉广场、达利中心大道步行街等30多个。

建筑系列——国外后现代建筑

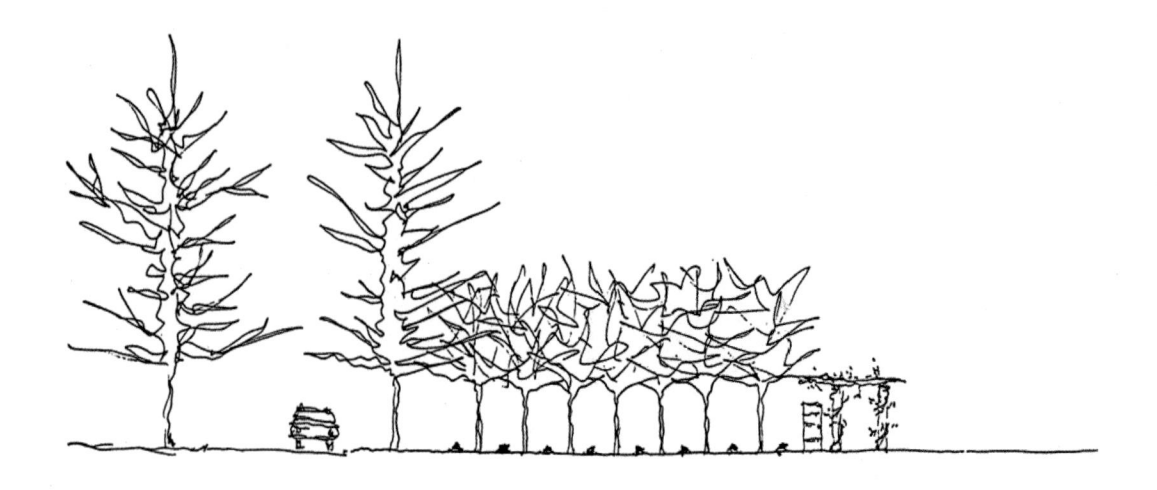

金氏庄园　　设计：丹·凯利

库氏住宅　　设计：丹·凯利

附录　大师作品草图集

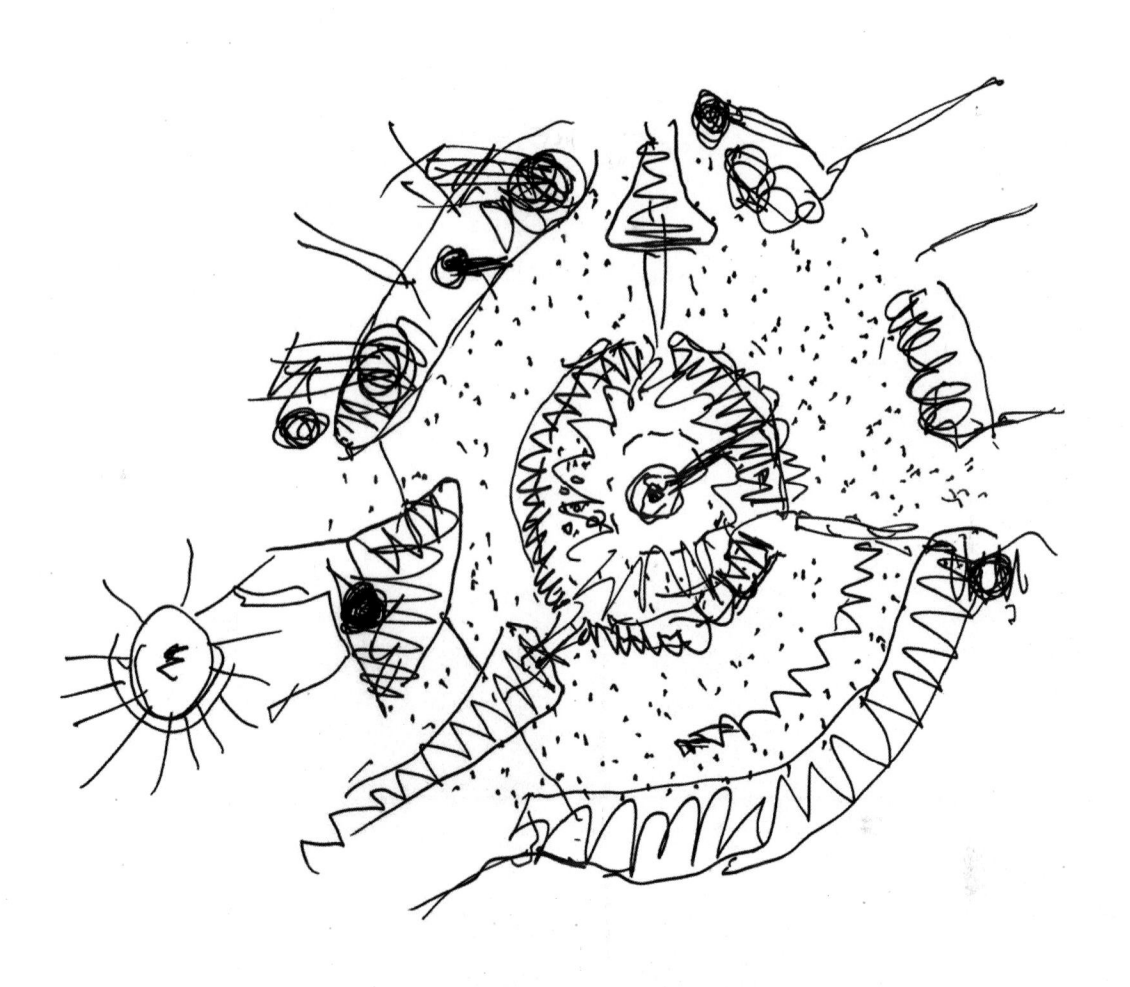

哥伦布环岛　　设计：丹·凯利

雷姆·库哈斯

雷姆·库哈斯于1944年出生于荷兰鹿特丹，1968—1972年在伦敦的建筑协会学院学习建筑。1975年，他跟随德国现代主义大师翁格尔斯工作，学到了将建筑理论与建筑实践相结合的方法，在总结前人的思想、理论的基础上，创立了自己的建筑设计体系。1975年，库哈斯与其合作者共同创建了OMA事务所。他的设计建筑创作首先是现代主义的，因受超现实主义艺术的影响，其建筑具有某些解构主义的特征。其富有幻想的设计构想，蒙太奇式的建筑表现手法，嘲讽的解读方式，让人改变了对环境既有的看法，其建筑中充满了新理性主义的味道。

他的作品包括：法国图书馆、拉维莱特公园、波尔多住宅、荷兰驻德国大使馆、纽约现代美术馆加建、西雅图图书馆、中国中央电视台新楼、广州歌剧院等。

附录 大师作品草图集

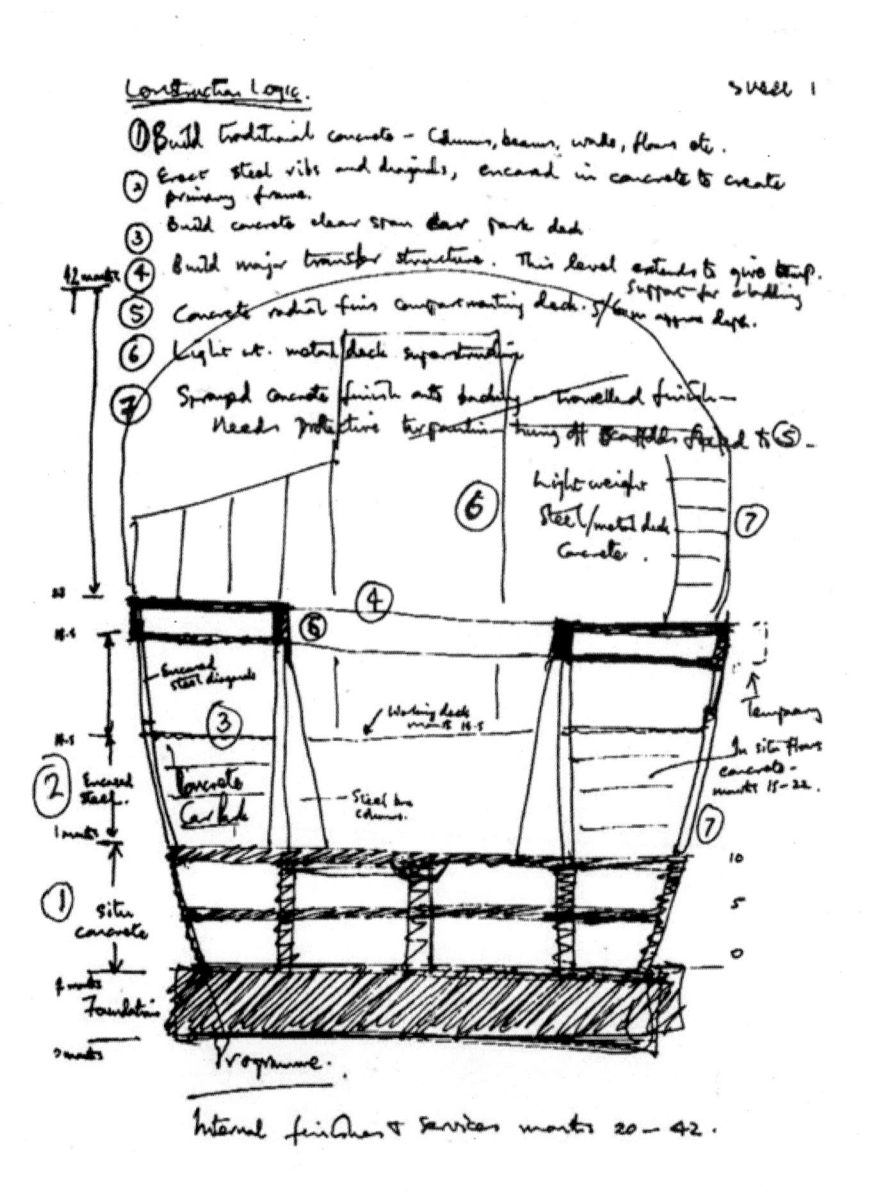

Construction Logic. Sheet 1

① Build traditional concrete — Columns, beams, walls, floors etc.
② Erect steel ribs and diagonals, encased in concrete to create primary frame.
③ Build concrete clear span car park deck.
④ Build major transfer structures. This level extends to give temp. support for shuttering
⑤ Concrete radial fins compartmenting deck. + form approx dept.
⑥ Light wt. metal deck superstructure
⑦ Sprayed concrete finish onto shuttering trowelled finish — Needs protective tarpaulins hung off scaffolds fixed to ⑤.

Internal finishes + services months 20 – 42.

利布吉海运站（参赛作品）　　设计：雷姆·库哈斯

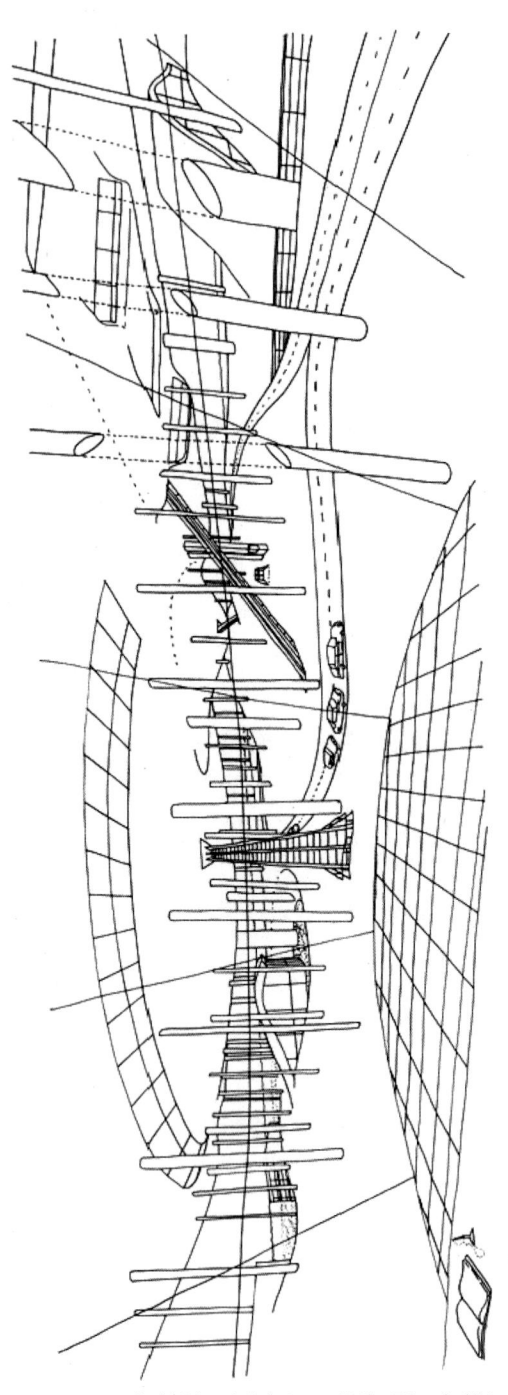

建筑系列——国外后现代建筑

亚加迪饭店及会议中心　　设计：雷姆·库哈斯

附录 大师作品草图集

扎哈·哈迪德

扎哈·哈迪德1950年出生于伊拉克巴格达,接受过严格的传统法国修女院、瑞士的住宿学校及美国贝鲁大学等西方正规教育。1972年进入伦敦建筑协会研究所学习建筑学,4年后获得杰出毕业奖,并被首府建筑事务所吸收为合作伙伴,与库哈斯等一起工作,直至1987年,她成立了自己的工作室。近年来,先后任教于哈佛大学、伊利诺斯大学和芝加哥建筑学院,同时还担任汉堡艺术大学、俄亥俄建筑学院、纽约哥伦比亚大学等院校的客座教授。此外,她被授予美国艺术文字学会荣誉会员、美国建筑学院特别会员以及2002大英帝国司令勋章爵士等称号。

她的主要作品有:维特拉消防站、辛辛那提当代艺术中心、伦敦千年穹思维区、海牙别墅、卡迪夫·贝歌剧院、斯特拉斯堡停车场和有轨电车终点站、伯吉瑟尔滑雪台、罗马当代艺术中心、沃尔夫斯堡科学中心等。

建筑系列——国外后现代建筑

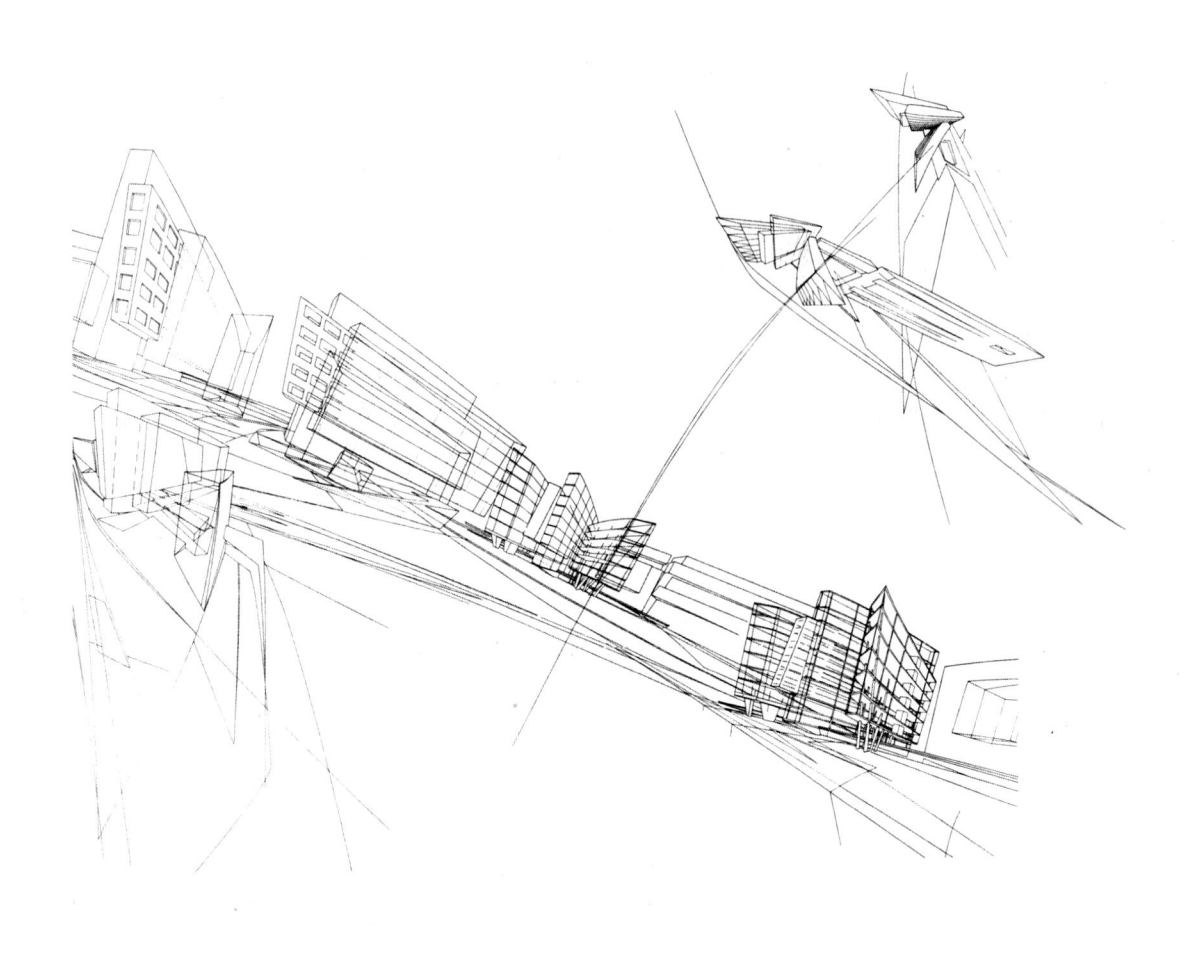

杜塞尔多夫艺术和媒体中心　　设计：扎哈·哈迪德

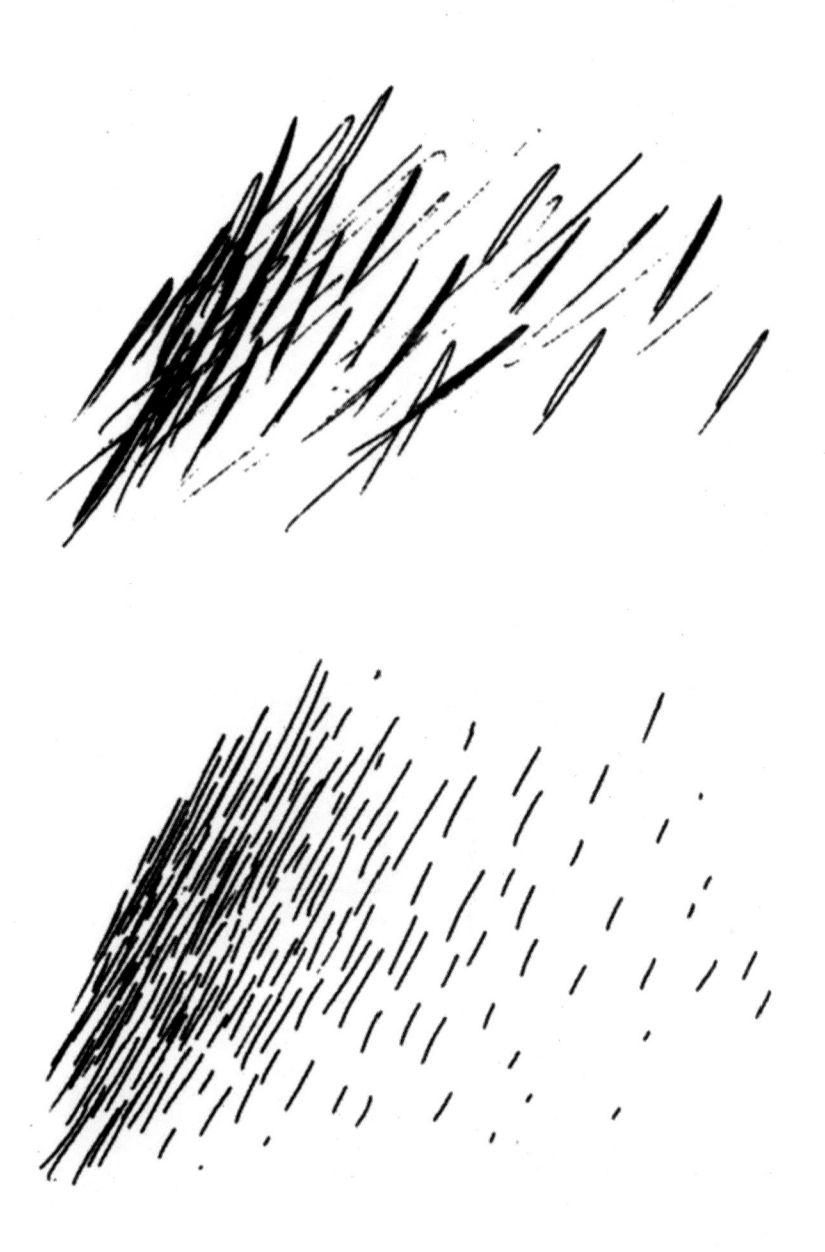

附录　大师作品草图集

伊斯兰教艺术博物馆　　设计：扎哈·哈迪德

建筑系列——国外后现代建筑

西班牙皇家收藏博物院　　设计：扎哈·哈迪德

附录 大师作品草图集

弗兰克·盖里

弗兰克·盖里，1929年出生于加拿大多伦多。1949—1951年在南加州大学取得建筑学学士学位。1956—1957年在哈佛大学设计研究所研习都市规划。1974年，他被选为美国建筑师协会(AIA)的学院会员。1989年获得普利兹克建筑奖，同年被提名为在罗马的美国建筑学会理事。1992年，他获得Wolf建筑艺术奖，并被提名为1992年建筑界最高荣誉奖的领奖人。1994年，他成为Lillian Gish Award的终生贡献艺术奖项的第一位得奖人。

他的主要作品有：毕尔巴鄂古根汉姆博物馆、荷兰国际办公大楼、安那汉社区溜冰中心、辛辛那提大学分子研究所、路易斯住宅、拖雷多大学视觉艺术中心等。

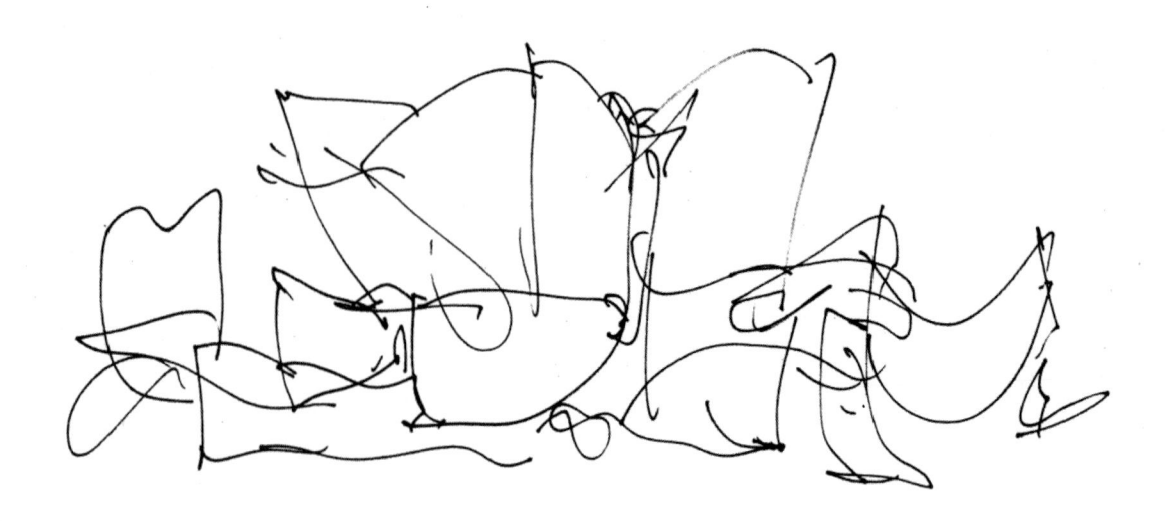

建筑系列——国外后现代建筑

毕尔巴鄂古根海姆博物馆　　设计：弗兰克·盖里

毕尔巴鄂古根海姆博物馆　　设计：弗兰克·盖里

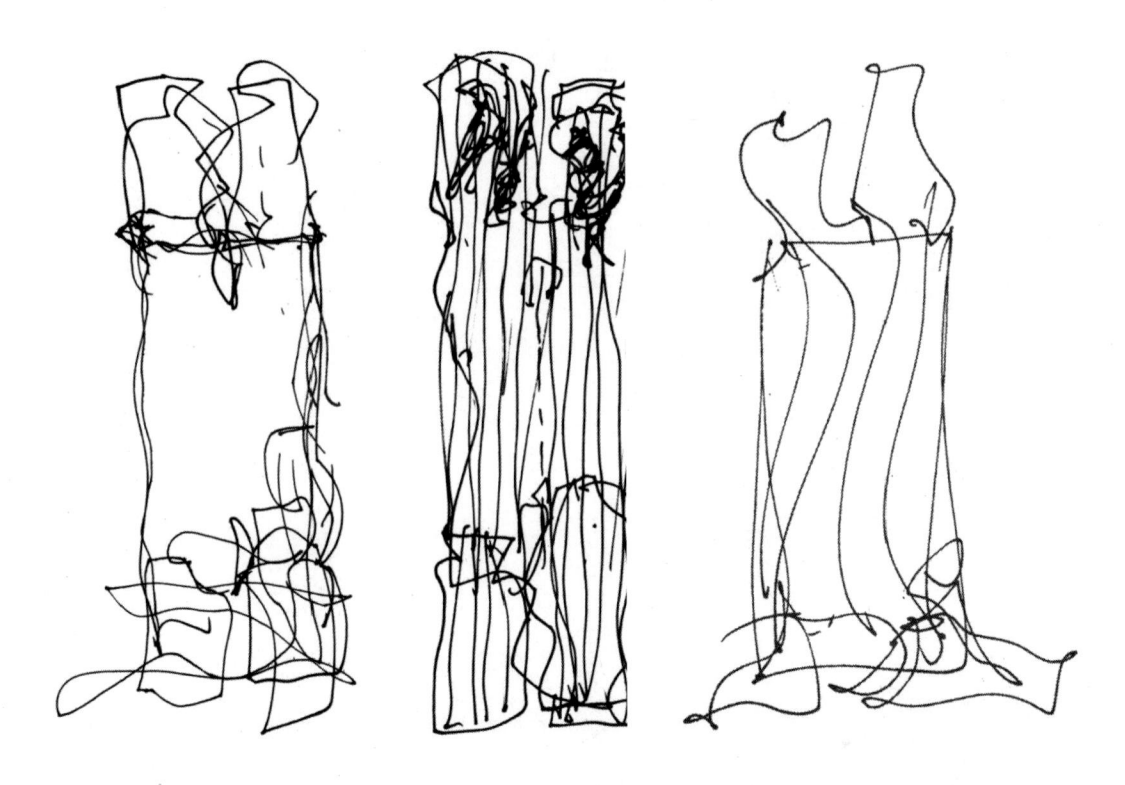

附录 大师作品草图集

纽约时代公司总部　　设计：弗兰克·盖里

建筑系列——国外后现代建筑

托雷多大学艺术馆　　设计：弗兰克·盖里

附录 大师作品草图集

多米尼克·佩罗

　　多米尼克·佩罗出生于工程师家庭，偏爱绘画艺术。为使自己挚爱的艺术与工科家庭背景相结合，1981年，他在巴黎创办了自己的事务所。1989年，他在法国国家图书馆的国际竞赛中获胜。法国默兹省政府大厦也由他设计。

　　多米尼克·佩罗在设计上偏好玻璃，不但一些阅览室屋顶和中央大厅屋顶大量采用玻璃天窗，而且图书馆的外墙也多采用玻璃墙体。他设计了四座玻璃塔楼。他用此种材料实现内外环境空间的连接，表达了图书馆开放性的意愿，满足了节能以及采用自然照明的生态要求。同时，玻璃又能让外界看到内部温暖的景象，增加了行人进馆学习阅读的兴趣。

建筑系列——国外后现代建筑

法国国家图书馆　　设计：多米尼克·佩罗